嵌入式技术与应用丛书

嵌入式技术与智能终端
软件开发实用教程

温　武　缪文南　张汛涞　编著

粤嵌教育教材研发中心　审校

电子工业出版社·

Publishing House of Electronics Industry

北京·BEIJING

内 容 简 介

本书以Cortex-A15处理器系列中的Exynos5260为载体，以实验为依托，涵盖Linux操作系统介绍与安装、Linux操作系统基本使用、嵌入式开发平台、Linux驱动开发，以及嵌入式Linux的应用编程、嵌入式Android应用编程等知识内容。每个实验均提供了相应的程序编码、实践的指令、操作流程，通过实验操作，可以使学生系统、深入地分析和理解嵌入式技术，提高学生的智能终端软件开发实践能力。

本书既可作为高等院校计算机类、电子类、电气类、控制类等专业本科生、研究生学习嵌入式Linux的教材，也可供希望进入嵌入式领域的科研或工程技术人员参考使用，还可作为嵌入式培训教材和教辅材料。

图书在版编目（CIP）数据

嵌入式技术与智能终端软件开发实用教程/温武，缪文南，张汛涞编著. —北京：电子工业出版社，2018.8
（嵌入式技术与应用丛书）

ISBN 978-7-121-34935-5

Ⅰ. ①嵌⋯　Ⅱ. ①温⋯ ②缪⋯ ③张⋯　Ⅲ. ①微处理器－系统设计－教材　Ⅳ. ①TP332

中国版本图书馆 CIP 数据核字（2018）第 196840 号

策划编辑：李树林
责任编辑：底　波
印　　刷：北京天宇星印刷厂
装　　订：北京天宇星印刷厂
出版发行：电子工业出版社
　　　　　北京市海淀区万寿路 173 信箱　邮编　100036
开　　本：787×1 092　1/16　印张：17　字数：435 千字
版　　次：2018 年 8 月第 1 版
印　　次：2018 年 8 月第 1 次印刷
定　　价：68.00 元

凡所购买电子工业出版社图书有缺损问题，请向购买书店调换。若书店售缺，请与本社发行部联系，联系及邮购电话：（010）88254888，88258888。

质量投诉请发邮件至 zlts@phei.com.cn，盗版侵权举报请发邮件至 dbqq@phei.com.cn。

本书咨询和投稿联系方式：（010）88254463；lisl@phei.com.cn。

P 前言
PREFACE

嵌入式系统是以应用为中心，软件/硬件可裁剪的，适应应用系统对功能、可靠性、成本、体积、功耗等严格综合性要求的专用计算机系统，由嵌入式硬件和嵌入式软件两部分组成。硬件是基础，软件是关键，几乎所有的嵌入式产品（智能手机、平板电脑、智能机器人、智能硬件等）中都需要各种软件来提供灵活多样的功能。

随着互联网时代的来临，嵌入式系统应用的不断深入和产业化程度的不断提升，新的应用环境和产业化需求对嵌入式软件、硬件提出了更高的要求，高性能及复杂度更高的嵌入式处理器已经得到更加广泛的应用。

本书以 Exynos5260 微处理器为硬件开发平台，Ubuntu 操作系统为软件开发平台，用 C 语言、Linux 操作指令、Java 语言完成开发工作，配套多个实验案例，适合作为教师教学、学生自学的实验、实践指导用书。

本书共有 11 章，按照嵌入式系统技术初学者的学习过程，从简单到复杂，从底层软件到上层软件开发，强调实用性和易用性。第 1 章"嵌入式系统基础"，介绍了嵌入式系统概念、嵌入式处理器分类、嵌入式操作系统特点及种类、嵌入式系统开发过程等。第 2 章"嵌入式 ARM 处理器"，介绍了 ARM 概念、ARM 体系结构及 ARM Cortex 系列微处理器等。第 3 章"嵌入式开发平台"，介绍了嵌入式软件和硬件开发平台。第 4 章"Linux 应用开发基础"，介绍了嵌入式编程基础知识、Linux 基础命令、Linux 下 C 语言编程环境、GNU 及 Shell 编程等。第 5 章"嵌入式 Linux 应用编程"，介绍了文件 I/O、进程、多线程等操作案例。第 6 章"嵌入式系统开发"，介绍了 U-Boot、编译内核与移植过程等。第 7 章"Linux 设备驱动开发"，介绍了驱动程序的编写、移植方法。第 8 章"Qt 编程基础"，介绍了 Qt 的安装、使用等。第 9 章"Android 应用开发"，介绍了 Android 应用开发环境搭建，以及应用程序开发方法等。第 10 章"Android 多媒体视频播放器"和第 11 章"Android 远程控制（智能家居项目）"，通过介绍综合项目案例，讲述了 Android 应用开发的方法和设计思路等内容。

本书的编写团队主要来自高校教师和企业研发成员，由粤嵌教育教材研发中心指导写作。本书主要由温武、缪文南、张汛涞编著，同时参与编写的还有钟锦辉、冯宝祥、邓人铭、郑志优、古鹏、陈耀华、丘凯伦、金政哲、樊志平、郭四稳、魏有法、郑洪庆、程蔚等，在此表示感谢！

本书在编写过程中所涉及的程序代码，参考了粤嵌教育教材研发中心的培训教材和有关资料，并在粤嵌教育教材研发中心开发的 Exynos5260 实验开发平台上进行逐一验证。感谢粤嵌教育教材研发中心的钟锦辉、冯宝祥、邓人铭、卓锐、梁炳根、陈健聪在编写过程中给予的技术支持与帮助。特别感谢电子工业出版社编辑李树林老师的指导和支持。本书在编写过程中不仅参考了大量的文献资料，而且还参考了互联网上的一些资讯和相关领域的报道，这些参考文献未能一一列举，深表歉意，在此一并向原作者和刊发机构表示诚挚的谢意。

随书提供的实验程序代码、相关的开发环境软件、数据手册、实验讲义等，读者可通过网站 http://www.gec-edu.org/进行下载。

由于编者水平有限，编写得较为仓促，本书可能会有不妥或错误之处，望各位专家和读者给予指正。我们的邮箱为 toszzy@126.com，欢迎来信交流。

编著者

目 录
CONTENTS

第1章 嵌入式系统基础 ·· 1

  1.1 嵌入式系统概述 ·· 1

    1.1.1 什么是嵌入式系统 ··· 1

    1.1.2 嵌入式系统的组成 ··· 1

    1.1.3 嵌入式系统与 PC 系统的区别 ·· 3

    1.1.4 嵌入式系统的特点 ··· 3

    1.1.5 嵌入式系统的发展趋势 ··· 4

    1.1.6 嵌入式系统的应用领域 ··· 5

  1.2 嵌入式处理器 ·· 8

  1.3 嵌入式操作系统 ·· 10

    1.3.1 何谓嵌入式操作系统 ·· 10

    1.3.2 嵌入式操作系统的特点 ··· 10

    1.3.3 嵌入式操作系统的种类 ··· 11

  1.4 嵌入式系统开发过程 ··· 13

第2章 嵌入式 ARM 处理器 ·· 15

  2.1 ARM 公司简介 ··· 15

  2.2 ARM 体系结构发展 ·· 15

  2.3 ARM Cortex 系列微处理器 ·· 16

    2.3.1 Cortex-A8 系列处理器 ·· 17

    2.3.2 Cortcx-A9 系列处理器 ·· 18

    2.3.3 Cortex-A15 系列处理器 ··· 19

    2.3.4 Cortex-A53 系列处理器 ··· 21

  2.4 主流 Cortex-A 系列处理器对比 ··· 23

第3章 嵌入式开发平台 ··· 24

  3.1 嵌入式软件开发平台 ··· 24

    3.1.1 安装 VMware Workstation 软件 ······································ 24

    3.1.2 配置虚拟主机硬件 ··· 26

    3.1.3 安装 Ubuntu ·· 33

    3.1.4 安装 VMware Tools ·· 37

    3.1.5 安装文本编辑器 Vim ·· 38

3.1.6 安装 g++ ·· 39
3.1.7 安装 Android 开发工具及依赖库 ·· 39
3.1.8 安装 TFTP 服务 ·· 41
3.1.9 安装 NFS 服务 ·· 41
3.2 基于 Exynos5260 嵌入式硬件平台 ·· 42
3.2.1 Exynos5260 嵌入式硬件平台简介 ·· 42
3.2.2 Exynos5260 嵌入式硬件平台资源配置 ·································· 43
3.2.3 实验开发平台调试 ·· 45
3.2.4 Exynos5260 开发平台设置 ··· 46
3.2.5 系统镜像烧写 ··· 48

第 4 章 Linux 应用开发基础 ·· 51
4.1 Linux 基础命令 ··· 51
4.2 Linux 下 C 语言编程环境 ··· 60
4.2.1 Linux 下 C 语言编程环境概述 ··· 60
4.2.2 Vi 编辑器 ··· 61
4.2.3 GNU GCC 的使用 ·· 62
4.2.4 GDB 调试器的使用 ·· 65
4.3 GNU Make 命令和 Makefile 文件 ·· 68
4.4 Linux 的 Shell 编程 ·· 72
4.4.1 Shell 简介 ·· 72
4.4.2 Shell 变量与环境变量 ·· 72
4.4.3 Shell 常用命令 ·· 78
4.4.4 Shell 函数 ··· 82

第 5 章 嵌入式 Linux 应用编程 ·· 86
5.1 第一个 Linux 应用程序输出 "hello world!" ·· 86
5.2 文件 I/O 操作 ··· 87
5.2.1 Linux 文件结构 ·· 87
5.2.2 系统调用与库函数 ·· 88
5.2.3 文件 I/O 基本操作 ·· 89
5.3 进程 ·· 95
5.3.1 Linux 进程概述 ·· 95
5.3.2 Linux 进程控制 ·· 98
5.3.3 进程间通信 ·· 104
5.4 多线程通信 ·· 118
5.4.1 线程简介 ·· 118
5.4.2 Linux 线程控制 ·· 119

5.5 Linux 网络编程 ·· 131

    5.5.1 TCP/IP 简介 ·· 131

    5.5.2 socket 通信基本概念 ·· 132

    5.5.3 网络编程相关函数说明 ··· 133

    5.5.4 网络编程程序设计 ·· 136

第 6 章 嵌入式系统开发 ·· 147

  6.1 交叉编译简介 ·· 147

  6.2 交叉编译器 ·· 147

  6.3 交叉编译器的安装 ·· 148

  6.4 U-Boot 编译 ··· 150

  6.5 U-Boot 移植 ··· 150

  6.6 编译内核 ··· 155

  6.7 内核移植 ··· 156

  6.8 Android 4.4.2 移植 ··· 159

第 7 章 Linux 设备驱动开发 ·· 162

  7.1 Linux 驱动程序的基本知识 ··· 162

  7.2 Linux device driver 的概念 ·· 163

  7.3 Linux 内核模块 helloworld ·· 163

  7.4 驱动程序中编写 ioctl 函数供应用程序调用 ·· 164

  7.5 嵌入式 Linux 下 LED 驱动程序设计 ·· 166

  7.6 嵌入式 Linux 下的按键中断实验 ·· 174

  7.7 嵌入式 Linux 的 A/D 转换实验 ·· 184

第 8 章 Qt 编程基础 ·· 190

  8.1 Qt 概述 ·· 190

    8.1.1 GUI 的作用 ·· 190

    8.1.2 Qt 的主要特点 ··· 191

  8.2 Qt 的安装 ··· 191

  8.3 使用 Designer 创建 "helloworld" Qt 窗口 ·· 194

  8.4 交叉编译 Qt Embedded 库 ·· 197

    8.4.1 配置编译选项 ··· 197

    8.4.2 编译和安装 ·· 198

    8.4.3 Qt Embedded 应用程序编译 ··· 198

  8.5 开发平台设置 Qt Embedded 环境 ·· 199

第 9 章 Android 应用开发 ··· 201

  9.1 开发准备 ··· 201

9.1.1 下载 JDK ··· 201

9.1.2 下载 Eclipse ··· 201

9.1.3 下载 ADT ··· 202

9.1.4 下载 Android SDK ·· 202

9.1.5 下载 Android NDK ·· 202

9.2 安装程序 ··· 202

9.2.1 安装 JDK ··· 202

9.2.2 安装 Eclipse ··· 205

9.2.3 安装 Android SDK ·· 205

9.2.4 解压 Android NDK 与配置环境变量 ·· 211

9.2.5 配置 ADT ··· 215

9.2.6 配置 SDK ··· 217

9.2.7 配置 NDK ··· 218

9.3 测试模拟器 ··· 218

9.4 Android 应用开发准备 ··· 221

9.5 Android 应用开发 ··· 223

9.5.1 实验 1：LED 灯控制程序设计 ··· 223

9.5.2 实验 2：ADC 模块实验 ·· 230

9.5.3 实验 3：LCD 实验 ·· 236

第 10 章 Android 多媒体视频播放器 ··· 241

10.1 相关知识 ··· 241

10.2 开发过程 ··· 242

第 11 章 Android 远程控制（智能家居项目）··· 247

11.1 智能家居概念 ··· 247

11.2 背景 ··· 247

11.3 发展趋势 ··· 247

11.4 智能家居项目 ··· 248

11.5 智能家居项目服务端代码编写 ·· 250

11.6 智能家居项目客户端代码编写 ·· 257

参考文献 ··· 263

第 1 章
嵌入式系统基础

1.1 嵌入式系统概述

随着移动电子、计算机、互联网、物联网、云计算大数据的高速发展，以及智能硬件、VR 虚拟现实、智能机器人等高科技产品的不断涌现，嵌入式终端设备接入到互联网已经成为趋势，如空调、冰箱、洗衣机通过 WiFi 接入互联网，微信、支付宝、滴滴打车等嵌入式软件应用已经对用户的习惯产生了深远的影响，嵌入式操作系统已经在我们的生活中扮演着举足轻重的角色，改变着我们的传统生活的同时，改善和方便着我们的日常生活。

1.1.1 什么是嵌入式系统

嵌入式系统就是一个具有特定功能或用途的计算机软件、硬件集合体。以应用为中心，以计算机技术为基础，软件、硬件可裁减，以适应应用系统对功能、可靠性、成本、体积和功耗等有严格要求的专用计算机系统。嵌入式系统发展的最高形式——片上系统（SoC）。

通俗的理解：第一，嵌入式系统是一个计算机系统；第二，嵌入式系统是针对某个应用的，也就是通常所说的"专用的"，如数字广告机、银行 ATM 系统、地铁或火车站的自助售票机等。因此，嵌入式系统就是针对某个应用的计算机系统。

在理解嵌入式系统的定义时，不要与嵌入式设备相混淆。嵌入式设备是指内部有嵌入式系统的产品、设备，例如，内含微控制器或微处理器的家用电器、仪器仪表、工控单元、机器人、智能手机、PDA 等。

1.1.2 嵌入式系统的组成

嵌入式系统的组成如图 1-1 所示。

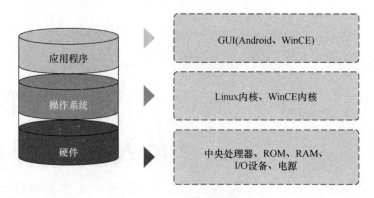

图 1-1　嵌入式系统的组成

（1）硬件层中包含嵌入式微处理器、存储器（SDRAM、ROM、Flash 等）、通用设备接口、I/O 接口（A/D、D/A、I/O 等）。在一片嵌入式处理器基础上添加电源电路、时钟电路、存储器电路，就构成了一个嵌入式核心控制模块。其中操作系统和应用程序都可以固化到 ROM 中，如智能手机、平板电脑、平板电视、广告机等。图 1-2 所示的是一部拆开后的手机。

图 1-2　手机拆机图

（2）软件：Embedded RTOS（Real-Time Operating System）、BSP、应用软件。嵌入式操作系统有智能手机的 Android 系统和 iOS 操作系统等，常用的应用软件如图 1-3 所示，如 QQ、微信、滴滴打车、支付宝等。

图 1-3　常用的应用软件

1.1.3 嵌入式系统与 PC 系统的区别

嵌入式系统与 PC 系统的区别主要分两个方面，一是硬件差异，见表 1-1，二是软件及其他差异，见表 1-2。

表 1-1 硬件差异

设备名称	嵌入式系统	PC 系统
CPU	ARM、MIPS 等	Pentium、Athlon 等
内存	SDRAM、DDR 芯片	SDRAM、DDR 内存条
存储设备	Flash、eMMC 芯片	硬盘、固态硬盘
输入设备	按键、触摸屏	鼠标、键盘
输出设备	LCD	显示器
音频设备	音频芯片	声卡
接口	MAX232 芯片等	主板集成
其他设备	USB 芯片、网卡芯片	主板集成或外接板卡

表 1-2 软件及其他差异

类型	嵌入式系统	PC 系统
引导代码	Bootloader 引导，针对不同电路板进行移植	主板的 BIOS 引导，无须改动
操作系统	Linux、Android、VxWorks 等，需要移植	Windows、Linux 等，不需要移植
驱动程序	每个设备驱动都必须针对电路板进行重新开发或移植，一般不能直接下载使用	操作系统含有大多数驱动程序，或者从网上下载直接使用
协议栈	需要移植	操作系统包括，或者第三方提供
开发环境	借助服务器进行交叉编译	在本机就可开发调试
仿真器	需要	不需要

1.1.4 嵌入式系统的特点

嵌入式系统与通用计算机相比具有以下特点。

（1）嵌入式系统是面向特定应用的。嵌入式系统中的 CPU 与通用 CPU 的最大不同点就是，前者大多数是专门为特定应用设计的，具有低功耗、体积小、集成度高等特点，能够把通用 CPU 中许多由板卡完成的任务集成在芯片内部，从而有利于整个系统设计趋于小型化。

（2）嵌入式系统涉及先进的计算机技术、半导体技术、电子技术、通信和软件等各个行业。嵌入式系统是一个技术密集、资金密集、高度分散、不断创新的知识集成系统。在通用计算机行业中，占整个计算机行业 90%的个人计算机产业，绝大部分采用的是 x86 体系结构的 CPU，厂商集中在 Intel、AMD 等几家公司，操作系统方面被微软占据垄断地位。但这种情况却不会在嵌入式系统领域出现。这是一个分散的，充满竞争、机遇与创新的领域，没有哪个公司的操作系统和处理器能够垄断市场。

（3）嵌入式系统的硬件和软件都必须具备高度可定制性（可裁剪、移植、优化）。只有这样才能适用嵌入式系统应用的需要，在产品价格性能等方面具备竞争力。

（4）运行环境差异大。嵌入式系统无处不在，但运行环境差异很大，可运行在飞机上、冰天雪地的两极中、骄阳似火的汽车里、要求温度恒定的实验室内等，特别是在恶劣的环境或突然断电的情况下，要求系统仍然能正常工作。

（5）高实时性。为了提高执行速度和系统可靠性，嵌入式系统中的软件一般都固化在存储器芯片或单片机中，而不是存储于磁盘等载体中。由于嵌入式系统的运算速度和存储容量仍然存在一定程度的限制，另外，由于大部分嵌入式系统必须具有较高的实时性，因此对程序的质量，特别是可靠性，有着较高的要求。

（6）多任务的操作系统。嵌入式软件开发要想走向标准化，就必须使用多任务的操作系统。嵌入式系统的应用程序可以没有操作系统而直接在芯片上运行；但为了合理地调度多任务，利用系统资源、系统函数及库函数接口，用户必须自行选配 RTOS（Real Time Operating System）开发平台，这样才能保证程序执行的实时性、可靠性，并减少开发时间，保障软件质量。嵌入式两类不同的系统结构模型如图 1-4 所示。

图 1-4　嵌入式两类不同的系统结构模型

（7）专门的开发工具和环境。嵌入式系统开发需要专门的开发工具和环境。由于嵌入式系统本身不具备自主开发能力，即使设计完成后，用户通常也不能对其中的程序功能进行修改，因此必须有一套开发工具和环境才能进行开发，这些工具和环境一般是基于通用计算机上的软件和硬件设备及各种逻辑分析仪、混合信号示波器等的。开发时往往有主机和目标机的概念，主机用于程序的开发，目标机作为最后的执行机，开发时需要交替、结合进行。

1.1.5　嵌入式系统的发展趋势

互联网信息、数字时代、智能工业制造等使得嵌入式产品获得了巨大的发展契机，为嵌入式市场展现了美好的前景，同时也对嵌入式生产厂商提出了新的挑战，从中我们可以看出未来嵌入式系统的几大发展趋势。

（1）嵌入式开发是一项系统工程，因此要求嵌入式系统厂商不仅要提供嵌入式软件和硬件系统本身，同时还需要提供强大的硬件开发工具和软件包支持。

目前很多厂商已经充分考虑到这一点，在主推系统的同时，将开发环境、板级支持包也作为重点推广。如三星在推广 ARM9、Cortex-A8、Cortex-A9、Cortex-A15、Cortex-A53 等内核芯片的同时还提供开发板和板级支持包（BSP）。当然，这也是市场竞争的结果。

（2）网络化、信息化的要求随着因特网技术的成熟、带宽的提高，使得以往单一功能的设备（如电话、手机、冰箱、微波炉等）功能不再单一，结构更加复杂。

这就要求芯片设计厂商在芯片上集成更多的功能，为了满足应用功能的升级，设计师们一方面采用更强大的嵌入式处理器（如 32 位、64 位 RISC 芯片）或信号处理器 DSP 增强处理能力，同时增加功能接口（如 USB）、扩展总线类型（如 CANBUS），加强对多媒体、图形等的处理，逐步实施片上系统（SoC）的概念。软件方面采用实时多任务编程技术和交叉开发工具技术来控制功能复杂性，简化应用程序设计、保障软件质量和缩短开发周期。

（3）网络互联成为必然趋势。未来的嵌入式设备为了适应网络发展的要求，必然要求硬件上提供各种网络通信接口。传统的单片机对于网络支持不足，而新一代的嵌入式处理器已经开始内嵌网络接口，除了支持 TCP/IP，有的还支持 IEEE1394、USB、CAN、Bluetooth 或 IRDA 通信接口中的一种或几种，同时也需要提供相应的通信组网协议软件和物理层驱动软件。软件方面系统内核支持网络模块，甚至可以在设备上嵌入 Web 浏览器，真正实现随时随地用各种设备上网。

（4）精简系统内核、算法，降低功耗和软件、硬件成本。未来的嵌入式产品是软件、硬件紧密结合的设备，为了减低功耗和成本，需要设计者尽量精简系统内核，只保留和系统功能紧密相关的软件、硬件，利用最低的资源实现最适当的功能，这就要求设计者选用最佳的编程模型和不断改进算法，优化编译器性能。因此，既要软件人员有丰富的硬件知识，又需要发展先进嵌入式软件技术，如 Java、Web 和 WAP 等。

（5）提供友好的人机界面和语音交互。嵌入式设备能与用户亲密接触，最重要的因素就是它能提供非常友好的用户界面。图像界面及灵活的控制方式，使得用户感觉嵌入式设备就像一个熟悉的老朋友。另外，产品增加语音识别和控制，人人适用，也是人类进行信息交流最自然、和谐的交互手段。

1.1.6 嵌入式系统的应用领域

随着智能硬件、人工智能、智能制造、车联网等相关产业技术产品的创新应用及需求不断涌现，嵌入式系统应用也越来越深入和广泛。嵌入式系统因其体积小、可靠性高、功能强、灵活方便等许多优点，对各行各业的技术改造、产品更新换代、加速自动化进程、提高生产效率等方面起到了极其重要的推动作用。嵌入式系统主要应用于国防军事、消费电子、工业控制、网络等领域。

1. 国防军事领域

嵌入式技术的迅猛发展及其在军事领域的广泛应用，是当今各国在新军事革命的大潮中发展武器装备的一个明显共性，利用现有信息技术的发展成果对现有的武器装备进行改造，最终实现武器装备的智能化、无人化，作战系统的网络化。无人机应用如图 1-5 所示。

图 1-5　无人机应用

图 1-5 为美陆军官员演示验证 AH-64"阿帕奇"直升机与无人机平台（如通用原子宇宙航空系统公司"灰鹰"无人机和德事隆系统公司的 RQ-7B"影子"无人机）进行连接和通信。

2. 智能工业制造

21 世纪的世界级制造业进入了机器人时代，从手工业、工业化、大规模生产到信息技术革命一路走来，制造业的演进步伐从未停止，如今更是迈向新的远景，德国政府和工业界称之为"工业 4.0（Industry 4.0）"，其关键就是将软件、传感器和通信系统组合成智慧系统。智能工业设备中的嵌入式系统与消费电子产品有很大的不同，一个重要标志是智能工业设备对实时性和可靠性的严格要求。德国宝马工厂中的工业机器人如图 1-6 所示。

图 1-6　德国宝马工厂中的工业机器人

3. 医疗行业

由于资源不足及效率低下等问题,医疗行业现已成为中国乃至全球矛盾最为突出的行业,现在大家都希望能够借助智慧医疗、移动医疗、穿戴式医疗电子等技术改变现状。这些技术将简化大量数据的收集和分析工作,降低医疗监护与管理成本,并让医生和护工从繁重的简单重复性工作中解脱出来,在提升病人治疗效果的同时,降低治疗成本。帕金森智能防抖动勺如图1-7所示。

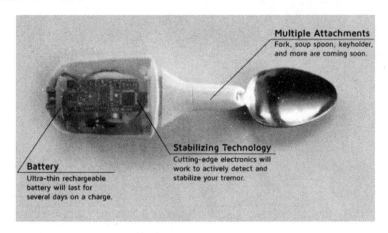

图 1-7　帕金森智能防抖动勺(Liftware Spoon)

4. 智能信息家电

信息家电已成为嵌入式系统最大的应用领域。只有按钮、开关的电器显然已经不能满足人们的日常需求。具有用户界面,能远程控制,如冰箱、空调、洗衣机等的网络化、智能化等已经成为目前发展的趋势。智能家电应用如图1-8所示。

图 1-8　智能家电应用

5. 汽车电子领域

无论汽车电子系统的电子控制单元（ECU），还是车载信息娱乐系统（IVI），嵌入式
OS 正在大行其道，越来越多的嵌入式软件公司甚至 IT 公司跻身汽车电子的开发行列。荣
威 RX5 互联网汽车应用如图 1-9 所示。

图 1-9　荣威 RX5 互联网汽车应用

上汽集团与阿里巴巴集团历时两年倾力打造的"全球首款量产互联网汽车"——荣威
RX5 正式发布，作为"全球首款量产互联网汽车"的荣威 RX5，拥有彰显自信与优雅的
设计、高效环保的动力科技、智能便捷的互联网科技，是一款具有划时代意义的互联网汽
车产品。

1.2　嵌入式处理器

嵌入式处理器是指应用在嵌入式计算机系统中的微处理器，是嵌入式系统硬件的核心，
运行嵌入式系统的系统软件和应用软件。与通用计算机系统 CPU 相比，嵌入式处理器具有
品种多、体积小、集成度高的特点。从 1971 年 Intel 公司推出第一块嵌入式处理器芯片 4004
（世界第一块 CPU）至今，嵌入式处理器经过了 40 多年的发展。

根据嵌入式处理器的字长宽度，可分为 4 位、8 位、16 位、32 位和 64 位。一般把 16
位及以下的称为嵌入式微控制器，32 位及以上的称为嵌入式微处理器。

如果按系统集成度划分，可分为两类：一类是微处理器内部包含单纯的中央处理器单
元，称为一般用途型微处理器；另一类是将 CPU、ROM、RAM 及 I/O 等部件集成到同一
块芯片上，称为单芯片微控制器。

嵌入式处理器根据用途分类，如图 1-10 所示。

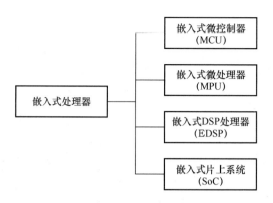

图 1-10　嵌入式处理器分类

1. 嵌入式微控制器（MCU）

嵌入式微控制器又称单片机，就是将整个计算机系统集成到一块芯片中，一般以某一种微处理器内核为核心，芯片内部集成 ROM/EPROM、RAM、总线、总线逻辑、定时/计数器、看门狗、I/O、串行口、脉宽调制输出、A/D、D/A、Flash RAM、EEPROM 等各种必要功能和外设，适合于控制，因此称为微控制器。和嵌入式微处理器相比，微控制器的最大特点是单片化，体积大大减小，从而使功耗和成本下降、可靠性提高。嵌入式微控制器价格低廉，功能优良，品种和数量较丰富，如 8051、MCS-251、MCS-96/196/296、P51XA、C166/167、68K 系列及 MCU 8XC930/931 等，并且有支持 I^2C、CAN-BUS、LCD 及众多专用嵌入式微控制器和兼容系列，微控制器是目前嵌入式系统领域的主流。

2. 嵌入式微处理器（MPU）

嵌入式微处理器是由通用计算机中的 CPU 演变而来的，它的特征是具有 32 位以上的处理器，具有较高的性能。与计算机处理器不同的是，在实际嵌入式应用中，只保留和嵌入式应用紧密相关的功能硬件，去除其他的冗余功能部分，以最低的功耗和资源实现嵌入式应用的特殊要求。嵌入式微处理器虽然在功能上和标准微处理器基本一样，但在工作温度、抗电磁干扰、可靠性等方面一般都做了各种增强处理。

目前，主要的嵌入式微处理器类型有 ARM、MIPS、PowerPC 等。

3. 嵌入式 DSP 处理器（Embedded Digital Signal Processor，EDSP）

嵌入式 DSP 处理器是专门用于信号处理方面的处理器，其在系统结构和指令算法方面进行了特别设计，在数字滤波、FFT、频谱分析等各种仪器上 DSP 获得了大规模的应用。

DSP 属于 Modified Harvard 架构，即它具有两条内部总线：数据总线、程序总线。DSP 处理器经过单片化、EMC 改造、增加片上外设，在通用单片机或 SoC 中增加 DSP 协处理器，从而发展成为嵌入式 DSP 处理器（Embedded Digital Signal Processor，EDSP），推动嵌入式 DSP 处理器发展的因素主要是嵌入式系统的智能化。

嵌入式 DSP 处理器比较有代表性的产品是 TI 公司的 TMS320 系列。TMS320 系列处理器包括用于控制的 C2000 系列、移动通信的 C5000 系列，以及性能更高的 C6000 系列。

4. 嵌入式片上系统（SoC）

SoC 就是 System on Chip，SoC 嵌入式系统微处理器就是一种电路系统。它结合了许多功能区块，将功能做在一块芯片上，如 ARM RISC、MIPS RISC、DSP 或其他的微处理器核心，加上通信的接口单元，如通用串行端口（USB）、TCP/IP 通信单元、GPRS 通信接口、GSM 通信接口、IEEE1394、蓝牙模块接口等，这些单元以往都是依照各单元的功能做成一块块独立的处理芯片的。

SoC 的应用十分广泛。最为常见的当属我们日常生活中使用的智能手机。如苹果 A4 处理器就是基于 ARM 处理器架构的 SoC，它集成基于 45nm 制程的一个 ARM Cortex-A8 处理器内核，以及一个 PowerVR SGX 535 图形处理内核。A4 采用堆叠封装技术 PoP（Package on Package），内部包括处理器核心和内存部件。

1.3 嵌入式操作系统

1.3.1 何谓嵌入式操作系统

嵌入式操作系统（Embedded Operating System，EOS）是指用于嵌入式系统的操作系统。嵌入式操作系统是一种用途广泛的系统软件，通常包括与硬件相关的底层驱动软件、系统内核、设备驱动接口、通信协议、图形界面、标准化浏览器等。嵌入式操作系统负责嵌入式系统的全部软件、硬件资源的分配、任务调度，控制、协调并发活动。它必须体现其所在系统的特征，能够通过装卸某些模块来达到系统所要求的功能。目前在嵌入式领域广泛使用的操作系统有嵌入式实时操作系统 μC/OS-II、嵌入式 Linux、Windows CE、VxWorks 等，以及应用在智能手机和平板电脑上的 Android、iOS 等。

1.3.2 嵌入式操作系统的特点

嵌入式操作系统不仅具备一般操作系统最基本的功能，如任务调度、同步机制、中断处理、文件处理等，而且还有以下几个特点。

1. 可裁剪

嵌入式操作系统可以根据产品的需求进行裁剪。也就是说，某产品可以只使用很少的几个系统调用，而另一个产品则可能使用了几乎所有的系统调用。这样可以减少操作系统内核所需的存储器空间（RAM 和 ROM）。

2. 强实时性

多数嵌入式操作系统都是硬实时的操作系统，抢占式的任务调度机制。

3. 统一的接口

针对不同的嵌入式处理器，如 ARM、PowerPC、x86 等，嵌入式操作系统都提供了统一的接口。而且很多的嵌入式操作系统还支持 POSIX 规范，如 Nucleus、Vxworks、OSE、RTlinux 等，这样在 Linux 和 UNIX 上编写的应用程序可直接移植到目标板上。

4．操作方便、简单、提供友好的图形用户界面 GUI

多数嵌入式操作系统操作方便、简单，并提供友好的图形用户界面 GUI。

5．提供强大的网络功能

一般商用的嵌入式操作系统都带有网络模块，可支持 TCP/IP 及其他协议，如 Nucleus Net，而且这些网络模块都是可裁剪的，尺寸小、性能高。

6．稳定性，弱交互性

嵌入式系统一旦开始运行就不需要用户过多干预，这就要求负责系统管理的嵌入式操作系统具有较强的稳定性。嵌入式操作系统的用户接口一般不提供操作命令，它通过系统的调用命令向用户程序提供服务。

7．固化代码

在嵌入式系统中，嵌入式操作系统和应用软件被固化在嵌入式系统的 ROM 中。辅助存储器在嵌入式系统中很少使用。

8．良好的移植性

嵌入式操作系统能够移植到绝大多数 8 位、16 位、32 位以至 64 位微处理器、微控制器及数字信号处理器（DSP）上运行。

1.3.3　嵌入式操作系统的种类

一般情况下，嵌入式操作系统可以分为两类：一类是面向控制、通信等领域的实时操作系统，如 WindRiver 公司的 VxWorks、ISI 公司的 pSOS、QNX 系统软件公司的 QNX、ATI 公司的 Nucleus 等；另一类是面向消费电子产品的非实时操作系统，这类产品包括智能手机、机顶盒、平板电脑、数字广告机等。常见嵌入式操作系统有 Linux、μC/OS、Windows Phone、VxWorks、Palm OS、QNX、Android 等。

1. VxWorks

VxWorks 操作系统是美国 WindRiver 公司于 1983 年设计开发的一种嵌入式实时操作系统（RTOS），它具有良好的持续发展能力、高性能的内核及友好的用户开发环境，在嵌入式操作系统领域占据一席之地。它以其良好的可靠性和卓越的实时性被广泛地应用在通信、军事、航空、航天等高精尖技术及实时性要求极高的领域中，如卫星通信、军事演习、弹道制导、飞机导航等。在美国的 F-16 战斗机、F/A-18 战斗机、B-2 隐形轰炸机和爱国者导弹上，甚至连 1997 年 4 月在火星表面登陆的火星探测器上也使用到了 VxWorks。2012 年 8 月，成功登陆火星表面的"好奇号"（Curiosity）火星车也采用 VxWorks，图 1-11 所示的是"好奇号"在火星表面的情景。

2. Windows Phone

Windows Phone 简称为 WP，是微软公司于 2010 年 10 月 21 日正式发布的一款手机操作系统，初始版本命名为 Windows Phone 7.0[1]。它基于 Windows CE 内核，采用了一种称为 Metro 的用户界面（UI），并将微软旗下的 Xbox Live 游戏、Xbox Music 音乐与独特的视频体验集成在手机中。

图 1-11 "好奇号"在火星表面

2015 年 1 月 22 日，微软发布会上提出 Windows 10 将是一个跨平台的系统，无论手机、平板、笔记本电脑、二合一设备、PC，Windows 10 将全部通吃。这也就意味着，2010 年发布的 Windows Phone 品牌将正式终结，被统一命名的 Windows 10 所取代。而 Windows Phone 系统也将经历 Windows Phone 7、Windows Phone 7.1/7.5/7.8、Windows Phone 8 和 Windows Phone 8.1 后正式谢幕。

3. 嵌入式 Linux

源代码公开，人们可以任意修改，以满足自己的应用。遵从 GPL，无须为每个应用交纳许可证费。有大量的应用软件可用，其中大部分都遵从 GPL，是开放源代码和免费的。可以稍加修改后应用于用户自己的系统中。

有庞大的开发人员群体。无须专门的人才，只要懂 UNIX/Linux 和 C 语言即可。优秀的网络功能，这在 Internet 时代尤其重要。稳定——这是 Linux 本身具备的一个很大的优点。内核精悍，运行所需资源少，十分适合嵌入式应用。

支持的硬件数量庞大，而且各种硬件的驱动程序源代码都可以得到，这为用户编写自己专有硬件的驱动程序带来很大的方便。

嵌入式 Linux 应用非常广泛，主要应用领域有信息家电、PAD、智能手机、机顶盒、平板电视、数据网络、远程通信、医疗电子、交通运输计算机外设、工业控制、航天控制领域等。

4. 嵌入式 Android

Android 是一种基于 Linux 的自由及开放源代码的操作系统，主要使用于移动设备，如智能手机和平板电脑，由 Google 公司和开放手机联盟领导及开发。Android 操作系统最初由 Andy Rubin 开发，主要支持手机。2005 年 8 月由 Google 公司收购注资。2007 年 11 月，Google 公司与 84 家硬件制造商、软件开发商及电信营运商组建开放手机联盟，共同研发改良 Android 系统。随后 Google 公司以 Apache 开源许可证的授权方式，发布了 Android 的源代码。第一部 Android 智能手机发布于 2008 年 10 月。Android 逐渐扩展到平板电脑及其他领域上，如电视、数码相机、游戏机等。它有如下特性。

（1）基于 Linux 操作系统，真正开放、开源、免费的开发平台。手持设备制造商不需要支付版税，使用和定制该平台，从而不受任何一家厂商限制。

（2）当前及未来各类硬件间的可移植性。所有程序都是用 Java 语言编写的，并将由 Android 的 Dalvik 虚拟机执行，所以代码在 ARM、x86 和其他架构之间是可以移植的。Android 提供了对各种输入方法的支持，如键盘、触摸屏和轨迹球。用户界面可以针对任何屏幕分辨率和屏幕方向进行定制。

Android 为用户与移动应用程序交互提供了全新的方式，同时也提供了实现这些交互的底层技术保障。

5. μC/OS-Ⅱ

μC/OS-Ⅱ是著名的源代码公开的实时内核，是专为嵌入式应用设计的，可用于 8 位、16 位和 32 位单片机或数字信号处理器（DSP）。它在原版本 μC/OS 的基础上做了重大改进与升级，并有了近十年的使用实践，有许多成功应用该实时内核的实例。它的主要特点如下。

（1）公开源代码。

（2）可移植性，绝大部分源代码是用 C 语言写的，便于移植到其他微处理器上。

（3）可固化。

（4）可裁剪性，有选择地使用需要的系统服务，以减少所需的存储空间。

（5）抢占式，完全是抢占式的实时内核，即总是运行就绪条件下优先级最高的任务。

（6）多任务，可管理 64 个任务，任务的优先级必须是不同的，不支持时间片轮转调度法。

（7）可确定性，函数调用与服务的执行时间具有其可确定性，不依赖于任务的多少。

（8）由于 μC/OS-Ⅱ仅是一个实时内核，这就意味着它不像其他实时存在系统那样提供用户的只是一些 API 函数接口，还有很多工作需要用户自己去完成。

1.4　嵌入式系统开发过程

嵌入式开发环境的特点：集成软件、硬件开发环境，嵌入式应用软件开发要使用交叉开发环境；交叉开发环境集成了编辑器、交叉编译器、交叉调试器等；交叉开发的硬件环境包括宿主机和目标板。

嵌入式系统开发设计流程如图 1-12 所示，说明如下。

1. 系统需求分析

确定设计任务和目标，并制定系统需求分析规格说明书，作为下一步设计的指导和验收标准。需求分析往往要与用户反复交流，以明确系统功能需求，性能需求，环境、可靠性、成本、功耗、资源等需求。

2. 体系结构设计

体系结构设计是嵌入式系统的总体设计。它需要确定嵌入式系统的总体架构，从功能上对软件、硬件进行划分。在此基础上，确定嵌入式系统的硬件选型（主要是处理器选型），操作系统及开发环境的选择。

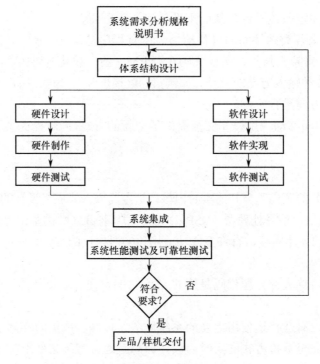

图 1-12　嵌入式开发设计流程

3. 硬件的设计、制作及测试

在这一阶段要确定硬件部分的各功能模块及模块之间的关联，并在此基础上完成元器件的选择、原理图绘制、印制电路板（PCB）设计、硬件的装配与测试、目标硬件最终的确定和测试。

4. 软件的设计、实现及测试

这部分工作与硬件开发并行、交互进行。软件设计主要完成引导程序的编制、操作系统的移植、驱动程序开发、应用软件的编写等工作。设计完成后，软件开发进入实现阶段。这一阶段主要是嵌入式软件的生成（编译、连接）、调试和固化运行，最后完成软件的测试。

5. 系统集成

将测试完的软件系统装入制作好的硬件系统中，进行系统综合测试，验证系统功能是否能够正确无误地实现，最后将正确的软件固化在目标硬件中。本阶段的工作是整个开发过程中最复杂、最费时的，特别需要相应的辅助工作支持。

6. 系统性能测试及可靠性测试

测试最终完成的系统性能是否满足设计任务书的各项性能指标和要求。若满足，则可将正确无误的软件固化在目标硬件中；若不能满足，在最坏的情况下，则需要回到设计的初始阶段重新进行设计方案的制定。

7. 产品/样机交付

将满足设计任务书的各项性能指标和要求的产品或样机交付用户并进行验收结题。

第 2 章
嵌入式 ARM 处理器

2.1 ARM 公司简介

ARM 公司是全球领先的半导体知识产权（IP）提供商，英特尔所称霸的芯片领域是传统的 PC 及服务器市场，而 ARM 则是移动终端芯片领域毫无疑问的巨头。

从移动智能终端起步到现在，ARM 一直处于这个芯片市场的领导地位。2015 年，包括高通、三星、联发科等在内的全球 1384 家移动芯片制造商都采用了 ARM 的架构，全球有超过 85%的智能手机和平板电脑的芯片采用的是 ARM 架构的处理器，超过 70%的智能电视也在使用 ARM 的处理器。如果没有 ARM，iPhone 或其他智能手机都不能运行。

ARM 是英文 Acorn RISC Machine 的缩写，中文翻译为高性能 RISC 微处理器，同时 ARM 也是其设计公司的名字，与其他嵌入式芯片不同的是，ARM 是由其公司设计的一种体系结构，支持 Thumb（16 位）和 ARM（32 位）两种指令集。

ARM 公司主要用于出售与技术授权，不生产芯片。ARM 的商业模式主要涉及 IP 的设计和许可，ARM 公司向合作伙伴（包括全球领先的半导体和系统公司）授予 IP 许可。这些合作伙伴可利用 ARM 的 IP 设计创造和生产片上系统设计，但需要向 ARM 支付原始 IP 的许可费用并为每块生产的芯片或晶片交纳版税。除处理器 IP 外，ARM 还提供了一系列工具、物理和系统 IP 来优化片上系统设计。

2.2 ARM 体系结构发展

ARM 微处理器体系结构目前是应用领域领先的 32 位或 64 位嵌入式 RISC 处理器结构。自诞生至今，ARM 体系结构发展并定义了多种不同的版本，见表 2-1。随着版本的升级，ARM 体系的指令集功能不断扩大。ARM 处理器系列中的各种处理器，虽然在实现技术、应用场合和性能方面都不相同，但主要支持相同的 ARM 体系版本，基于它们的应用软件是兼容的。

表 2-1 部分 ARM 体系结构

家 族	架 构	内 核	特 色	高速缓存(I/D)/MMU	常规 MIPS 于 MHz	应 用
ARM9	ARMv4T	ARM920T	五级流水线	16KB/16KB，MMU	200 MIPS @ 180 MHz	无线设备、仪器仪表、安全系统、高端打印机、数字照相机和摄像机等
		ARM922T		8KB/8KB，MMU		
		ARM940T		4KB/4KB，MPU		
ARM9E	ARMv5TE	ARM946E-S		可变动，MPU		无线设备、数字消费品、成像设备、工业控制、存储设备和网络设备等
		ARM966E-S		无高速缓存，TCMs		
	ARMv5TEJ	ARM926EJ-S	Jazelle DBX	可变动，TCMs，MMU	220 MIPS @ 200 MHz	
ARM10E	ARMv5TE	ARM1020E	六级流水线	32KB/32KB，MMU		下一代无线设备、数字消费品、成像设备、工业控制等
		ARM1022E	（VFP）	16KB/16KB，MMU		
		ARM1026EJ-S	Jazelle DBX	可变动，MMU 或 MPU		
XScale	ARMv5TE	80200/IOP310/IOP315	I/O 处理器			便携式通信产品和消费类电子产品
		IOP34x	1～2 核，RAID 加速器	32KB/32KB L1，512KB L2，MMU		
		PXA210/PXA250	七级流水线			
		PXA255		32KB/32KB，MMU	400 BogoMIPS @400 MHz	
ARM11	ARMv6	ARM1136J（F）-S	八级流水线	可变动，MMU	350 MHz ～1 GHz	下一代的消费类电子、无线设备、网络应用和汽车电子产品等
	ARMv6T2	ARM1156T2（F）-S	九级流水线	可变动，MPU		
	ARMv6K	ARM11 MPCore	1～4 核对称多处理器	可变动，MMU		
Cortex	ARMv7-A	Cortex-A8	单核处理器	可变动（L1+L2），MMU+TrustZone	从 600MHz 提高到 1GHz 以上	手机、无人机、医疗器械、电子测量、照明、智能控制、游戏装置等
	ARMv7-A	Cortex-A15	多核处理器	高达 4MB MMU	2.5GHz	
	ARMv7-M	Cortex-M3	哈佛架构，Tail-Chaining 中断技术	无高速缓存，（MPU）	120 DMIPS @ 100MHz	

2.3 ARM Cortex 系列微处理器

ARM 公司在经典处理器 ARM11 以后的产品改用 Cortex 命名，并分成 A、R 和 M 三类，旨在为各种不同的市场提供服务。

1. ARM Cortex-A

ARM Cortex-A 系列的应用型处理器可向托管丰富的操作系统平台的设备和用户应用提供全方位的解决方案，包括超低成本的手机、智能手机、移动计算平台、数字电视、机顶盒、企业网络、打印机和服务器解决方案。高性能的 Cortex-A15、可伸缩的 Cortex A9、经过市场验证的 Cortex-A8 处理器和高效的 Cortex-A5 处理器均共享同一个体系结构，因此具有完整的应用兼容性，支持传统的 ARM、Thumb 指令集和新增的高性能紧凑型 Thumb-2 指令集。

2. ARM Cortex-R

ARM Cortex-R 实时处理器为具有严格的实时响应限制的深层嵌入式系统提供高性能计算解决方案，目标应用如下。

（1）智能手机和基带调制解调器中的移动手机处理。

（2）企业系统，如硬盘驱动器、联网和打印。

（3）家庭消费性电子产品、机顶盒、数字电视、媒体播放器和相机。

（4）用于医疗行业、工业和汽车行业的可靠系统的嵌入式微控制器。

在这些应用中，采用的是对处理响应设置硬截止时间的系统，如果要避免数据丢失或机械损伤，则必须符合所设置的这些硬截止时间。因此，Cortex-R 处理器是专为高性能、可靠性和容错能力而设计的，其行为具有高确定性，同时保持很高的能效和成本效益。

Cortex-R 实时系列处理器使用实时操作系统提供在硬实时限制下运行的高性能和深层嵌入式应用的必要功能。此功能将 Cortex-R 与 Cortex-M 和 Cortex-A 系列处理器区别开来。显而易见，Cortex-R 提供的性能比 Cortex-M 系列提供的性能高得多，而 Cortex-A 专用于具有复杂软件操作系统（使用虚拟内存管理）的面向用户的应用。

3. ARM Cortex-M

ARM Cortex-M 处理器系列是一系列可向上兼容的高能效、易于使用的处理器，这些处理器旨在帮助开发人员满足将来的嵌入式应用的需要。这些需要包括以更低的成本提供更多的功能、不断增加连接、改善代码重用和提高能效。

Cortex-M 系列针对成本和功耗敏感的 MCU 和终端应用（如智能测量、人机接口设备、汽车和工业控制系统、大型家用电器、消费性产品和医疗器械）的混合信号设备进行了优化。

2.3.1 Cortex-A8 系列处理器

ARM Cortex-A8 是第一款基于 ARM V7 指令架构的超标量处理器，内部采用复杂的流水线架构基于顺序执行，同步执行的内核，包含 13 级主流水线和 10 级 NEON 处理流水线（多媒体处理），专用的 L2 缓存，基于执行记录的跳转预测等新技术，其平均指令执行速度可达 2.0 MIPS/MHz，平均功耗为 0.45mW/MHz。

ARM Cortex-A8 内建有 4 个核心，ARM Cortex-A8、IVA2＋、PowerVR SGX Graphics Core、Image Signal Processor（ISP）。IVA2＋是图像、视频、音频多媒体加速器 ，SGX 是 3D 图形内核，Image Signal Processor（ISP）是集成的图像信号处理器。在 90nm 以下工艺，Cortex-A8 处理器运行速度可超过 1GHz，在 65nm 条件下功耗小于 300mW。通过多核心并行操作的方式，在用不到 ARM11 一半功耗的情况下，可提供比 ARM11 处理器多达 3 倍的

性能提升，在 350MHz 工作频率下即可解码 VGA 分辨率的 H.264 视频。

苹果的 A4 处理器，就是基于 ARM Cortex-A8 加上 PowerVR SGX535 图形芯片构建的，国内主流学习开发平台三星的 S5PV210 处理器，也是基于 ARM Cortex-A8 架构的处理器，S5PV210 处理器的系统框图如图 2-1 所示。

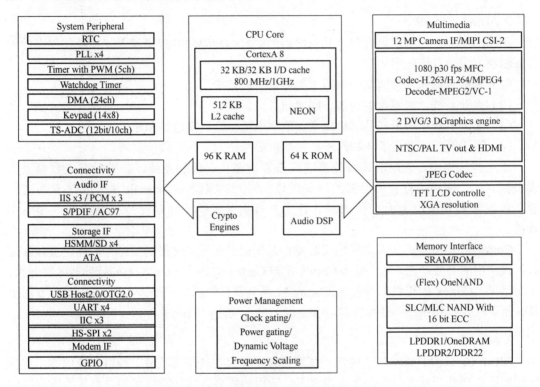

图 2-1 S5PV210 处理器的系统框图

2.3.2 Cortex-A9 系列处理器

ARM Cortex-A9 处理器隶属于 Cortex-A 系列，基于 ARMv7-A 架构，目前我们能见到的四核处理器大多属于 Cortex-A9 系列。图 2-2 所示为三星 Exynos4412 处理器芯片外观。

图 2-2 三星 Exynos4412 处理器

ARM Cortex-A9 处理器的设计是基于最先进的预测型八级流水线，该流水线具有高效、动态长度、多发射超标量及无序完成特征，这款处理器的性能、功效和功能均达到了前所未有的水平，完全能够满足消费、网络、企业和移动应用等领域尖端产品的要求。

Cortex-A9 微架构提供两种选项：可扩展的 Cortex-A9 MPCoreTM 多核处理器或较为传统的 Cortex-A9 单核处理器。可扩展的多核处理器和单核处理器（两款不同的独立产品）支持 16KB、32KB 或 64KB 四路组相连一级缓存的配置，具有无与伦比的灵活性，皆能达到特定应用和市场的要求。

应用案例：德州仪器 OMAP 4430/4460、Tegra 2、Tegra 3、新岸线 NS115、瑞芯微 RK3066、联发科 MT6577，以及三星 Exynos 4210、4412（见图 2-3）、4418，华为 K3V2 等。另外高通 APQ8064、MSM8960、苹果 A6、A6X 等都可以看作在 A9 架构基础上的改良版本。

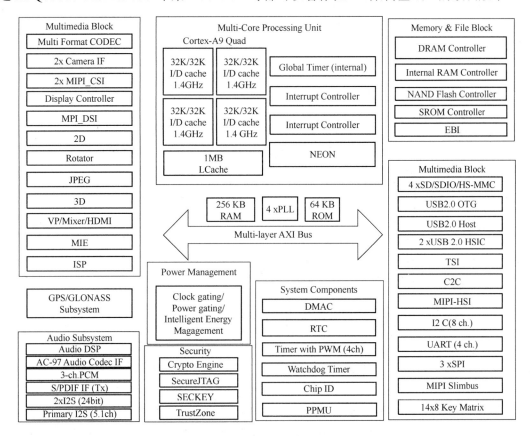

图 2-3　Exynos4412 系统框图

2.3.3　Cortex-A15 系列处理器

ARM Cortex-A15 MPCore 处理器具有无序超标量管道，带有紧密耦合的低延迟二级高速缓存，该高速缓存的大小最高可达 4MB。浮点和 NEON 媒体性能方面的其他改进使设备能够为消费者提供下一代用户体验，并为 Web 基础结构应用提供高性能计算。Cortex-A15 处理器可以应用在智能手机、平板电脑、移动计算、高端数字家电、服务器和无线基础结构等设备上。

理论上，Cortex-A15 MPCore 处理器的移动配置所能提供的性能是当前的高级智能手机性能的 5 倍还多。在高级基础结构应用中，Cortex-A15 的运行速度最高可达 2.5GHz，这将支持在不断降低功耗、散热和成本预算方面实现高度可伸缩的解决方案，见表 2-2。

表 2-2　Cortex-A15 处理器架构

Cortex-A15 处理器规格	
体系结构	ARMv7-A Cortex
多核	单处理器群集中的 1～4X SMP 通过 AMBA® 4 技术实现多个一致的 SMP 处理器群集
ISA 支持	ARM Thumb-2 TrustZone® 安全技术 NEON 高级 SIMD DSP & SIMD 扩展 VFPv4 浮点 Jazelle® RCT 硬件虚拟化支持 大物理地址扩展 （LPAE）
内存管理	ARMv7 内存管理单元
调试和跟踪	CoreSight DK-A15

应用案例：三星 Exynos5250。三星 Exynos5250 芯片是首款 A15 芯片，应用在最近发布的 Chromebook 和 Nexus 10 平板电脑上。Exynos5250 的频率是 1.7GHz，采用 32nm 的 HKMG 工艺，配备了 Mali-604 GPU，性能强大。另外，本书实验开发平台所用到的处理器为 Exynos5260 芯片组，同样应用 Cortex-A15 内核，该处理器系统框图如图 2-4 所示。

Exynos5260 处理器为三星高端主流 ARM 处理器，六核架构：由 2 个 Cortex-A15 核和 4 个 Cortex-A7 核组成，主频最高可达 1.7GHz，采用了 28nm 的 HKMG 工艺，配备 Mali-T628 MP3 GPU，性能强大。Exynos5260，ARMv7 指令集，支持 32KB/32KB 一级缓存、1MB 二级缓存、增强的 VFP（浮点体系结构）、Neon 协处理器， DMIPS/MHz（单位频率的每秒百万指令数）比上一代 Cortex-A9 的 1.5GHz 处理器提高了 40%。

Exynos5260 内存控制器是新一代规格的 LPDDR3/DDR3 800MHz，双端口，可提供 12.8GB/s 的高带宽，可以轻松应付 WQXVGA 高分辨率下的高清视频解码、3D 图形显示、高分辨率图形信号处理等工作。支持多种格式的视频硬编解码，1080P 60f/s，可同时支持 MPEG-4/H.263/H.264 编解码。3D 图形核心整合了 ARM 新一代的 Mali-T628，支持大量 API，支持 OpenGL ES 1.1/2.0/3.0，OpenVG1.01。图形信号处理器（ISP）支持 800 万像素 30f/s 帧率，还有额外的后期处理单元，如三维降噪（3DNR）、视频数字图像稳定（VDIS）、光学畸变补偿（ODC）、无延迟快门等。LCD 单个显示可支持最高 WQXGA（eDP）/WUXGA（MIPI DSI），本地双显示可同时支持 WQXGA 单 LCD 显示和 1080P HDMI 显示。其他整合的模块还有 USB Host/Dev 3.0、UART、eMMC5.0、HISC PHY 收发器和支持大量传感器的八通道 I^2C 和四通道高速 I^2C 等。

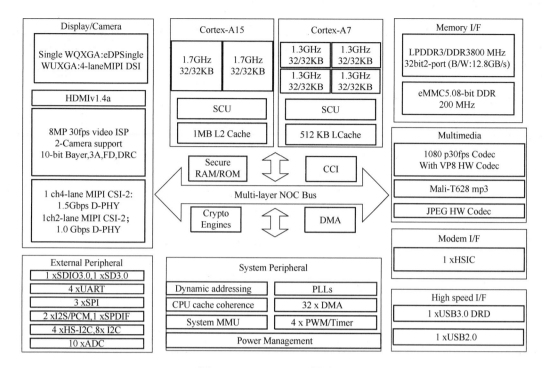

图 2-4　Exynos5260 系统框图

2.3.4　Cortex-A53 系列处理器

ARM Cortex-A53 处理器（见图 2-5）属于 Cortex-A50 系列，首次采用 64 位 ARMv8 架构，意义重大。该处理器还利用广泛的 ARM MPCore 多核技术，可实现可扩展的性能和功耗控制，超过今天类似的高性能设备的性能，同时保持在严格的移动电源的限制中。多核处理提供的能力的任何四个分量处理器，集群内的，在不使用时关闭，如设备处于待机模式，以节省电力。当需要更高的性能时，在每个处理器中使用，以满足需求，同时还分担工作量，以保持尽可能低的功耗。

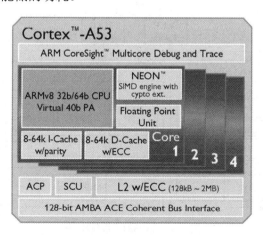

图 2-5　Cortex-A53 处理器

Cortex-A53 于 2012 年发布，其独一无二的设计，集性能、低功耗及尺寸扩展性于一身，具备一系列多用途特性，见表 2-3，因此可应用于诸多市场，其中包括高端智能手机、网络基础设施、汽车信息娱乐、高级驾驶员辅助系统 （ADAS）、数字电视、入门级移动设备和消费级设备乃至人造卫星。

表 2-3　Cortex-A53 处理器架构

Cortex-A53 处理器架构	
体系结构	ARMv8
多核	1～4X 在单一的 SMP 处理器的集群 一致的 SMP 多处理器集群通过 AMBA®4 技术
ISA 支持	AArch32 完全向后兼容的 ARMv7 AArch64 64B 的支持和新的体系结构特色的 TrustZone®安全技术 NEON ™高级 SIMD DSP 和 SIMD 扩展 VFPv4 浮点 硬件虚拟化支持
调试和跟踪	CoreSight DK-A53

应用案例：高通 410 芯片、联发科 MT6732 芯片、华为海思麒麟 620、麒麟 930 均用 Cortex-A53 架构、多核 Cortex-A57+Cortex-A53 架构，如三星的 Exynos7420 和高通骁龙 810。国内主流学习平台 S5P6818 处理器系统框图如图 2-6 所示。

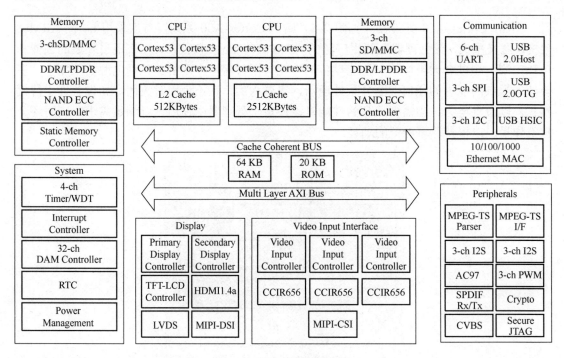

图 2-6　S5P6818 系统框图

2.4 主流 Cortex-A 系列处理器对比

Cortex-A8 处理器是一个双指令执行的有序超标量处理器，针对高度优化的能效实现可提供 2.0 Dhrystone MIPS（Million Instructions Per Second），这些实现可提供基于传统单核处理器设备所需的高级别的性能。另外和 Cortex-A9 相比，由于 Cortex-A8 支持的浮点VFP 运算非常有限，其 VFP 的速度非常慢，往往相同的浮点运算，其速度是 Cortex-A9 的1/10。Cortex-A15 MPCore 处理器是目前 Cortex-A 系列中性能最高的处理器，一个突出的特性是其硬件的虚拟化技术（Hardware Virtualization）及大物理内存的扩展（Large Physical Address Extension，LPAE），能寻址到 1TB 的内存）。Cortex-A53 首次采用 64 位 ARMv8 架构，可整合为 ARM big.LITTLE（大小核心伴侣）处理器架构，根据运算需求在两者间进行切换，以结合高性能与高功耗效率的特点，两个处理器是独立运作的。三星 Cortex-A 系列处理器硬件指标参数对比见表 2-4。

表 2-4 三星 Cortex-A 系列处理器硬件指标参数对比

处理器型号	制造工艺	CPU 架构	核心频率	GPU	内存
S5PV210	65 nm	ARM Cortex-A8	1GHz	PowerVR SGX535	LPDDR1、LPDDR2 和 DDR2
Exynos4412	32nm HKMG	四核 Quad-Core ARM Cortex-A9	1.4GHz、 1.6GHz	Mali-400 MP4 440MHz	双通道 LPDDR2/DDR2/DDR3-800
S5P4418	28nm	四核 Quad-Core ARM Cortex-A9	1.4GHz	ARM Mali-400 MP Core	LPDDR2/DDR3LV DDR3
Exynos5260	28nm HKMG	双核 A15+ 四核 A7	1.7GHz+1.3GHz	Mali-T624 MP4 600MHz	双通道 LPDDR3-800
S5P6818	28nm	ARM Cortex-A53 64 位八核	1.4GHz+	ARM Mali-400 MP Core	LPDDR2/DDR3LV DDR3

第 3 章

嵌入式开发平台

3.1 嵌入式软件开发平台

3.1.1 安装 VMware Workstation 软件

VMware Workstation 是一款功能强大的桌面虚拟计算机软件，提供用户可在单一的桌面上同时运行不同的操作系统，是目前进行开发、测试、部署新的应用程序的最佳解决方案。VMware Workstation 可在一部实体机器上模拟完整的网络环境，以及可便于携带的虚拟机器，其更好的灵活性与先进的技术胜过了市面上其他的虚拟计算机软件。

在软件版本选择方面，如果桌面系统是 Windows 10，最好使用 VMware Workstation 12 及以上的版本。因为 VMware Workstation 11 以下版本都对 Windows 10 兼容性不好，容易出现各种问题，典型的问题就是无法建立桥接网络给虚拟操作系统。本章使用的 Windows 操作系统是 32 位的 Windows 8.1，对 VMware Workstation 9 进行安装示范，其他版本安装过程差别不大。

从官网下载或在附送光盘里面的 Windows 平台开发工具中找到 VMware-workstation-full-9.exe（光盘里的是 32 位版本，64 位系统的从 VMware Workstation 官网下载）。

（1）双击图标进行安装，出现如图 3-1 所示的安装界面。

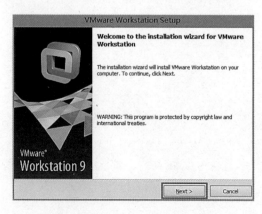

图 3-1　安装界面

（2）选择典型安装选项，如图 3-2 所示。

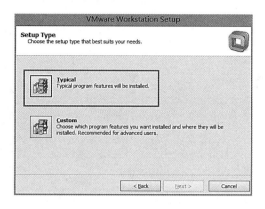

图 3-2 选择"Typical"选项

（3）选择安装路径，可以默认安装到 C 盘，也可以单击"Change"按钮，指定安装到其他地方，如图 3-3 所示。

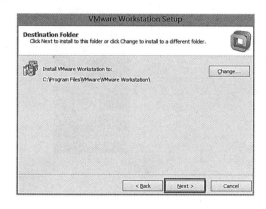

图 3-3 选择安装路径

（4）选择取消软件启动时检查更新版本，如图 3-4 所示。

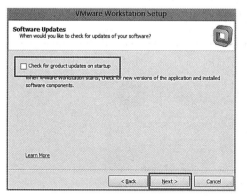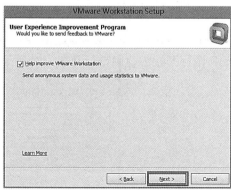

（a）步骤 1

图 3-4 选择取消启动时检查更新版本

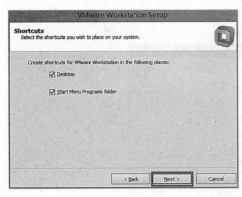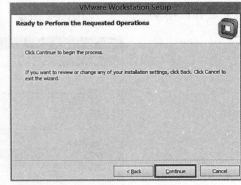

（b）步骤2

图 3-4　选择取消启动时检查更新版本（续）

（5）接下来就是长时间的解压安装过程，在完成安装之前需要输入正版软件许可密钥，输入密钥后即可激活软件，如图 3-5 所示。

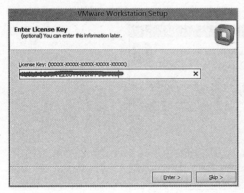

图 3-5　输入密钥和安装完成

（6）安装完成。

3.1.2　配置虚拟主机硬件

（1）在桌面双击"VMware Workstation"图标，打开该虚拟软件，单击"Create a new Virtual Machine"图标开始创建虚拟计算机，如图 3-6 所示。

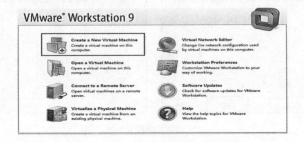

图 3-6　单击"Create a new Virtual Machine"图标

（2）选择"Custom(advanced)"模式，这样可以设置更详细的参数，如图 3-7 所示。

图 3-7　选择"Custom(advanced)"模式

（3）保持默认设置，单击"Next"按钮，如图 3-8 所示。

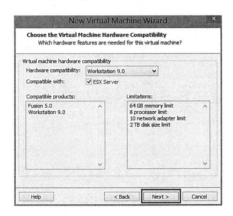

图 3-8　单击"Next"按钮

（4）若想稍后再安装系统，那么选择"I will install the operating system later"选项，单击"Next"按钮，如图 3-9 所示。

图 3-9　选择"I will install the operating system later"选项

（5）选择要安装的系统类型为"Linux"，发行版本为"Ubuntu 64-bit"，单击"Next"按钮，如图 3-10 所示。

图 3-10　选择发行版本为"Ubuntu 64-bit"

（6）按照图 3-11 所示进行设置，完成后单击"Next"按钮，如图 3-11 所示。

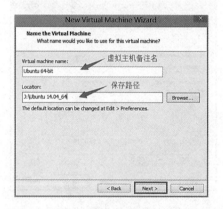

图 3-11　设置虚拟主机备注名及保存路径

（7）保持默认设置，如图 3-12 所示，图中的 1 和 2 表示分配一块 CPU 两个核心的硬件资源给虚拟主机。可根据自己的计算机 CPU 实际情况选择。

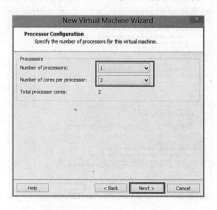

图 3-12　设置处理器配置

（8）设置内存大小，可以根据自己计算机的实际配置情况，分配 1024MB，单击"Next"按钮，如图 3-13 所示。

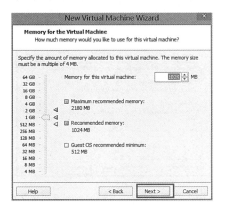

图 3-13　分配 1024MB

（9）选择网络桥接，如图 3-14 所示。

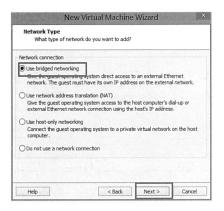

图 3-14　选择网络桥接

（10）选择"LSI Logic(Recommended)"选项，单击"Next"按钮，如图 3-15 所示。

图 3-15　选择"LSI Logic(Recommended)"选项

（11）选择"Create a new virtual disk"选项，单击"Next"按钮，如图 3-16 所示。

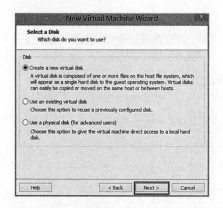

图 3-16   选择"Create a new virtual disk"选项

（12）选择硬盘接口类型，单击"Next"按钮，如图 3-17 所示。

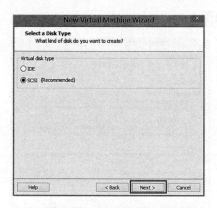

图 3-17   选择硬盘接口类型

（13）硬盘大小选择，做开发的硬盘空间需要设置比较大（针对开发 Android 系统，建议用 150GB 或以上的硬盘空间）。下面先设置虚拟硬盘空间为 200GB，单击"Next"按钮，如图 3-18 所示。

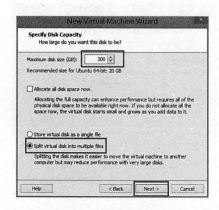

图 3-18   选择硬盘空间

（14）选择保存的路径，单击"Next"按钮，如图 3-19 所示。

图 3-19　选择保存的路径

（15）单击"Finish"按钮，如图 3-20 所示。

图 3-20　单击"Finish"按钮

（16）单击"CD/DVD(IDE) Auto detect"图标，选择我们要安装的系统镜像 ISO 文件，如图 3-21 所示。

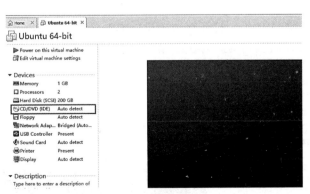

图 3-21　单击"CD/DVD(IDE) Auto detect"图标

（17）导入系统镜像，选择麒麟版的 Ubuntu 14.04 版本，如图 3-22 所示。

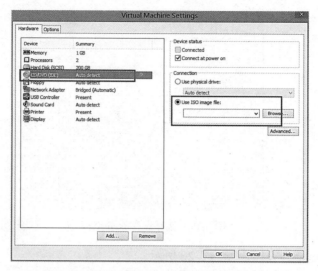

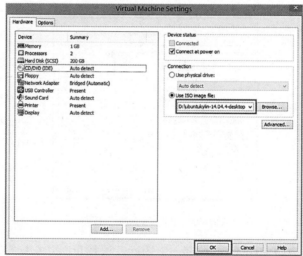

图 3-22　导入系统镜像

（18）导入系统镜像成功后，打开虚拟主机的电源开关，开始安装，如图 3-23 所示。

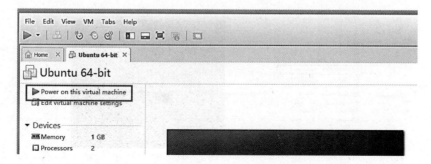

图 3-23　单击"Power on this virtual machine"按钮

到这一步，VMware 下创建的虚拟计算机将从虚拟光驱启动，单击"Power on this virtual machine"按钮，将虚拟计算机启动。

3.1.3　安装 Ubuntu

（1）虚拟计算机启动后，开始了 Ubuntu 的安装过程，如图 3-24 所示。

图 3-24　Ubuntu 正在安装

（2）进入 Ubuntu 的安装欢迎界面，单击"继续"按钮，如图 3-25 所示。

图 3-25　Ubuntu 的安装欢迎界面

（3）配置分区，如图 3-26 所示。

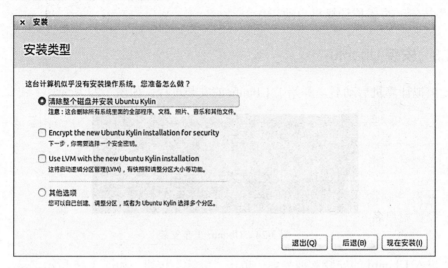

图 3-26　配置分区

　　建议直接单击"继续"按钮（见图 3-27），让安装程序按默认设置进行。如果调整分区大小，在图 3-26 中选择"其他选项"，对"/boot"，"/swap"和根目录"/"进行分区的大小配置。

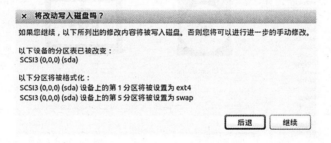

图 3-27　单击"继续"按钮

（4）选择"时区"和"语言"。单击地图，选择恰当的时区，单击"继续"按钮进入下一步操作，如图 3-28 所示。

图 3-28　选择"时区"和"语言"

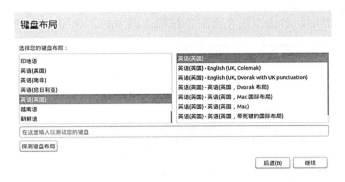

图 3-28　选择"时区"和"语言"（续）

设置探测键盘布局，一般选择"英语（英国）"。单击"继续"按钮进入下一步操作。

（5）设置用户名和密码，如图 3-29 所示。

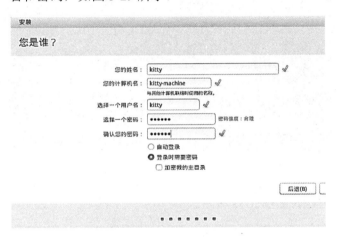

图 3-29　设置用户名和密码

（6）单击"继续"按钮后开始系统安装步骤，如图 3-30 所示，需要的时间比较长。

图 3-30　系统安装

出现安装完成界面，单击"现在重启"按钮立即重启，如图 3-31 所示。

图 3-31　单击"现在重启"按钮

（7）重启后，出现如图 3-32 所示界面，按回车键即可。

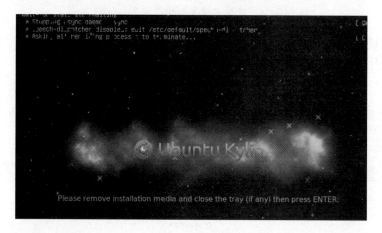

图 3-32　安装界面

（8）输入密码登录，如图 3-33 所示。

图 3-33　登录界面

（9）登录后进入桌面，如图 3-34 所示。

图 3-34　系统桌面

3.1.4　安装 VMware Tools

VMware Tools 是 VMware Workstation 中自带的一种增强工具，安装后能实现 Windows 主机与虚拟机之间的文件共享，同时可支持自由拖曳的功能，鼠标也可在虚拟机与主机之间无缝移动（不用再按 Ctrl+Alt 组合键），而且虚拟机屏幕也可实现全屏。安装步骤如下。

（1）单击"VM"→"Install VMware Tools"，开始安装 VMware Tools，如图 3-35 所示。

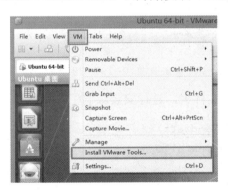

图 3-35　安装"VMware Tools"

（2）加载之后，文件管理器显示安装包，如图 3-36 所示。

图 3-36　"VMware Tools"压缩包

（3）在空白处右击，以打开终端，如图 3-37 所示。

VMware Tools
位置
最近使用的
主文件夹
桌面
视频
图片
文档
下载
音乐
回收站
设备
软盘 磁盘
VMware Tools
计算机
网络
浏览网络
连接到服务器
manifest.txt
VMwareTools-9.2.0-799703.tar.gz
新建文件夹(F)
新建文档(D)
在终端中打开(E)
粘贴(P)
弹出(E)
属性(P)

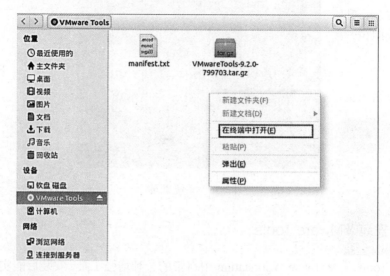

图 3-37　打开“VMware Tools”

（4）打开终端输入 ls 命令查看文件。

（5）将压缩包复制到主文件夹中，并进入主文件夹解压压缩包。

```
$ cp  VMwareTools-9.2.0-799703.tar.gz  ~
$ cd  ~
$ tar  zxvf  VMwareTools-9.2.0-799703.tar.gz
```

（6）进入解压后的源码文件夹，进行安装。

```
$ cd  vmware-tools-distrib/
$ sudo  ./vmware-install.pl
```

当出现询问更改内核头文件路径时，输入 no，然后按回车键，如图 3-38 所示。

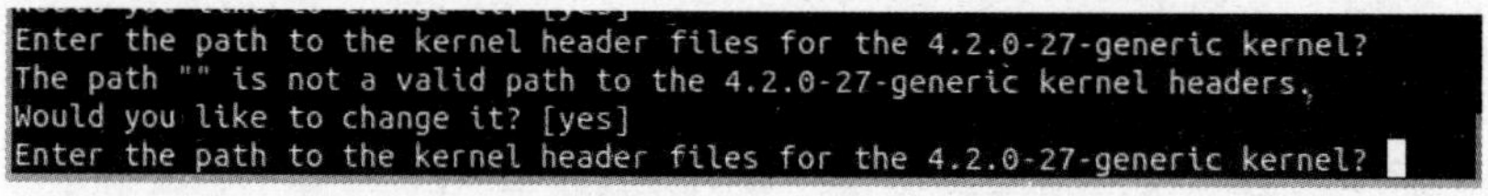

Enter the path to the kernel header files for the 4.2.0-27-generic kernel?
The path "" is not a valid path to the 4.2.0-27-generic kernel headers.
Would you like to change it? [yes]
Enter the path to the kernel header files for the 4.2.0-27-generic kernel?

图 3-38　VMware Tools 安装界面

跳过了内核头文件路径选项后，继续按回车键。增强工具安装成功，需要重启 Ubuntu 后才能生效。

3.1.5　安装文本编辑器 Vim

Vim 是一个类似于 Vi 的著名的功能强大、高度可定制的文本编辑器，它在 Vi 的基础上改进和增加了很多特性。在 Ubuntu 系统中在线安装 Vim 软件，通过 apt-get 命令完成。

apt-get 是 Linux 命令，适用于 deb 包管理式的操作系统，主要用于自动从互联网的软件仓库中搜索、安装、升级、卸载软件或操作系统。

在保证联网正常的环境下，打开终端后运行以下命令。

```
$ sudo apt-get install vim
```

出现硬盘请求提示输入 "y" 确认安装，如图 3-39 所示。

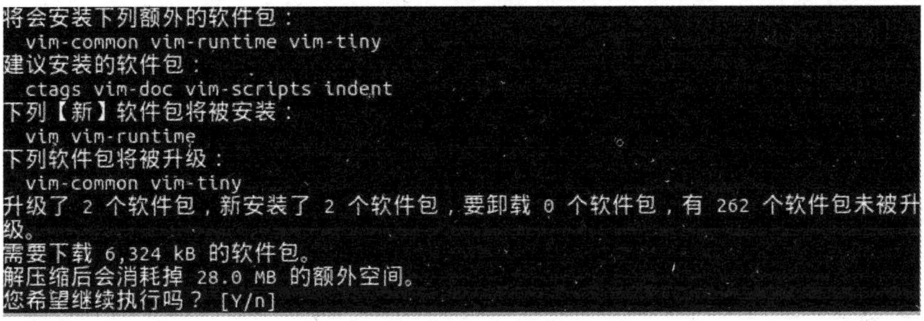

图 3-39 编辑器 Vim 安装界面

输入 "y" 并按回车键后系统联网在线安装 Vim。

3.1.6 安装 g++

进行 Linux 界面开发和编译 Android 源码，均需要 g++，安装命令如下。

```
$sudo apt-get install g++
```

3.1.7 安装 Android 开发工具及依赖库

（1）安装相应的依赖库和工具。

```
#sudo apt-get install build-essential
#sudo apt-get install make
#sudo apt-get install gcc
#sudo apt-get install g++
#sudo apt-get install libc6-dev
#sudo apt-get install patch
#sudo apt-get install texinfo
#sudo apt-get install libncurses-dev
#sudo apt-get install git-core gnupg
#sudo apt-get install flex
#sudo apt-get install bison
#sudo apt-get install gperf
#sudo apt-get install libsdl-dev
```

```
#sudo apt-get install libesd0-dev
#sudo apt-get install libwxgtk2.6-dev
#sudo apt-get install build-essential
#sudo apt-get install zip
#sudo apt-get install curl
#sudo apt-get install ncurses-dev
#sudo apt-get install zlib1g-dev
#sudo apt-get install valgrind
#sudo apt-get install libgtk2.0-0:i386
#sudo apt-get install libpangox-1.0-0:i386
#sudo apt-get install libpangoxft-1.0-0:i386
#sudo apt-get install libidn11:i386
#sudo apt-get install gstreamer0.10-pulseaudio:i386
#sudo apt-get install gstreamer0.10-plugins-base:i386
#sudo apt-get install gstreamer0.10-plugins-good:i386
#sudo apt-get  install libxml2-utils
```

如果有些工具没有安装成功，也没有问题，可能是因为已安装当前或更高版本，没有提示错误即可。

（2）安装 JDK

在 home 目录下新建 JDK 目录，并将 jdk1.6.0_26.tar.bz2 复制到 JDK 目录下，并解压，完成安装。

```
#sudo tar -jxvf  jdk1.2.0_26.tar.bz2 -C ./
```

配置 JDK 的环境变量：

```
#sudo vim /etc/profile
```

在最后位置加入：

```
#JDK PATH
export JAVA_HOME=/usr/local/java/jdk1.6.0_26
export JRE_HOME=/usr/local/java/jdk1.6.0_26/ire
export  CLASSPATH=. :$JAVA_HOME/lib:$JRE_HOME/lib:$CLASSPATH
export PATH=$JAVA_HOME/bin:$JRE_HOME/bin:$PATH
export USE_CCACHE =1
```

执行：

```
#source /etc/profile
```

查看环境变量有没有成功。

```
#echo $PATH
```

3.1.8　安装 TFTP 服务

TFTP（Trivial File Transfer Protocol，简单文件传输协议）是 TCP/IP 族中基于 UDP 的一个用来在客户机与服务器之间进行简单文件传输的协议，下面介绍安装 TFTP 服务软件步骤。

（1）安装 TFTP 服务器和 TFTP 客户端。

```
$sudo  apt-get  install  tftpd-hpa  tftp-hpa
```

（2）修改配置文件。

```
$sudo  vim  /etc/default/tftpd-hpa
```

修改内容为：

```
TFTP_USERNAME="tftp"
TFTP_DIRECTORY="/home/kitty/tftp_share"
TFTP_ADDRESS="0.0.0.0:69"
TFTP_OPTIONS="-l -c -s"
```

（3）如果用户名是 kitty，在主文件夹下建立共享文件夹 tftp_share 和更改文件权限，路径是/home/kitty/tftp_share，示例如下。

```
$mkdir  /home/kitty/tftp_share
$chmod  777  /home/kitty/tftp_share
```

（4）重新启动服务，让配置生效，示例如下。

```
$ sudo  service  tftpd-hpa  restart
```

（5）测试。

在/home/kitty/tftp_share 路径下新建 test 文本，并写入"haha"，示例如下。

```
$cd  /home/kitty/tftp_share
$ echo  "haha" > test
```

回到主文件夹，并用 TFTP 下载 test 文件，示例如下。

```
$cd  ~
$tftp  127.0.0.1
tftp>  get  test
```

3.1.9　安装 NFS 服务

NFS（Network File System，网络文件系统）是 Linux 系统支持的文件系统中的一种，它允许网络中的计算机之间通过 TCP/IP 网络共享资源。在 NFS 的应用中，本地 NFS 的客户端应用可以透明地读写位于远端 NFS 服务器上的文件，如同访问本地文件一样。

（1）安装软件。

```
$sudo apt-get install nfs-kernel-server nfs-common
```

修改配置文件。

```
$sudo vim /etc/exports
```

在末行加入内容保存退出。

```
/home/kitty/nfs_share *(rw,sync,no_root_squash)
```

（2）创建共享文件夹，修改权限。

```
$mkdir /home/kitty/nfs_share
$chmod 777 /home/kitty/nfs_share
```

（3）重启 NFS 服务。

```
$sudo /etc/init.d/nfs-kernel-server restart
```

（4）测试：把/home/kitty/nfs_share 挂载到/mnt 上，在/mnt 中创建 test 文件，使用查看命令 ls 在/home/kitty/nfs_share 上显示 test 文件，即安装成功。

```
$sudo mount -o nolock,tcp 127.0.0.1:/home/kitty/nfs_share /mnt
$touch /mnt/test
$ls /home/kitty/nfs_share/
```

3.2 基于 Exynos5260 嵌入式硬件平台

3.2.1 Exynos5260 嵌入式硬件平台简介

Exynos5260 是三星 2014 年推出的六核处理器，其集成了高性能的双核 ARM Cortex-A15 处理器加低功耗的四核 ARM Cortex-A7 处理器，既有超强的性能，同时兼顾了低功耗的设计，外加强大的 3D 性能及视频处理能力，将成为三星高端市场的主力处理器。

Exynos5260 开发平台为消费类电子、智能终端、MID、无线通信、移动导航、 医疗设备、工业控制等行业产品的应用开发而设计，将 Exynos5260 的引脚全部引出，供广大企业用户进行产品前期软件、硬件性能评估验证及设计参考用。

Exynos5260 开发平台有非常丰富的接口，如 USB、有线网络、WiFi 无线网络、3G 网络、音频输入/输出、4 路串口、LCD、VGA、MIPI、HDMI 高清输出、SD/TF 卡、BUS 总线、SPI、I^{2}S、AD、I^{2}C、外部中断、通用 I/O、摄像头、蓝牙、GPS 接口，能适合于对性能和处理能力有更高要求的嵌入式系统应用场合。

3.2.2 Exynos5260 嵌入式硬件平台资源配置

Exynos5260 嵌入式硬件平台主要由核心板和扩展主板构成。

1. 核心板配置

Exynos5260 核心板是一款低功耗、高性能的嵌入式 ARM 主板，使用三星高端主流 ARM 处理器，六核架构，双核 Cortex-A15 + 四核 Cortex-A7，主频最高可达 1.7GHz，采用了 28nm 的 HKMG 工艺，配备 Mali-T628 MP3 GPU，性能强大。Exynos5260 支持 32KB/32KB 一级缓存、1MB 二级缓存、增强的 VFP（浮点体系结构）、Neon 协处理器，DMIPS/MHz（单位频率的每秒百万指令数）比上一代 Cortex-A9 1.5GHz 处理器提高了 40%。Exynos5260 核心板正、反两面实物图如图 3-40 所示。

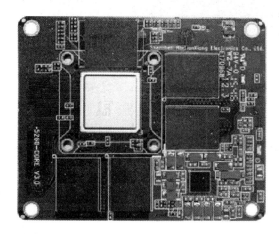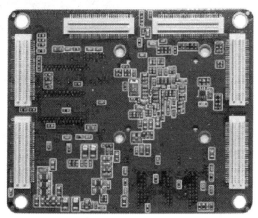

图 3-40　Exynos5260 核心板正、反两面实物图

核心板主要配置如下。

（1）处理器 CPU：Samsung Exynos5260。

（2）处理器架构：ARM CortexTM-A15+ CortexTM-A7。

（3）CPU 封装：FCFBGA-858，0.5mm pitch。

（4）L1 指令缓存：32KB。

（5）L1 数据缓存：32KB。

（6）L2 缓存：1MB。

（7）内存：2GB DDR3。

（8）存储：标配 16GB eMMC，可选配 4GB、8GB、16GB、32GB 的 eMMC。

（9）电源管理芯片：S2MPA01。

（10）启动模式：eMMC、SD 卡。

（11）操作系统：可选 Android 4.4.2、Linux 3.4.39 操作系统。

2. Exynos5260 扩展主板资源

Exynos5260 扩展主板资源如图 3-41 所示。

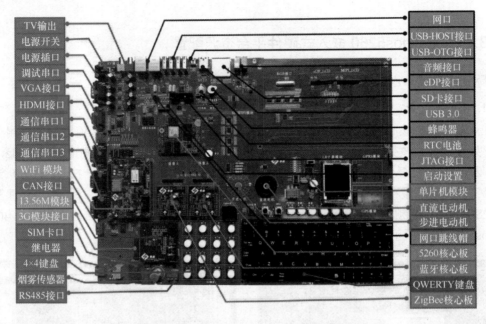

图 3-41　Exynos5260 扩展主板资源

扩展主板资源配置见表 3-1。

表 3-1　扩展主板资源配置

接口类型	说　明
TV 输出	TV 视频信号输出接口
电源开关	总电源开关
电源插口	12V 直流电压输入
调试串口	用于程序开发调试、串口信息查看等
VGA 接口	VGA 视频信号输出
HDMI 接口	HDMI1.4（1080P/60Hz）
通信串口 1	扩展串口 1，可用于外接各种串口模块
通信串口 2	扩展串口 2，可用于外接各种串口模块
通信串口 3	扩展串口 3，可用于外接各种串口模块
WiFi 模块	支持物联网 IOT 节点接入，光照度、温湿度传感器采集
CAN 接口	使用 MCP2510 将 SPI 总线转换成 CAN 总线
13.56M 模块	高频 RFID 模块，可应用于考勤、门禁刷卡系统
3G 模块接口	UC20EB-128-STD PCIE 接口
SIM 卡口	支持 3G 卡
继电器	DC 5V 直流电压的常闭或常开输出控制
4×4 键盘	可编程 I^2C 扩展 4×4 矩阵按键
烟雾传感器	用于检测烟雾或气体的传感器
RS485 接口	使用 SP3485 将串口转换为 485 信号
ZigBee 核心板	支持无线传感器网络，CC2530 传感器节点组网
QWERTY 键盘	标准全按键键盘，带 Fn 功能键，多向控制器模块

（续表）

接口类型	说　　明
蓝牙核心板	采用 CC2540 芯片，支持蓝牙 4.0 协议
5260 核心板	Exynos5260 嵌入式硬件平台控制处理器核心部分
网口跳线帽	开发平台配置两路网口，通过跳线帽片选
步进电动机	5V 步进电动机模块，正反转控制
直流电动机	5V 直流电动机模块，正反转控制
单片机模块	用于设备信息显示、多个串口模块切换显示和控制
启动设置	用于引导程序启动设置选择，MMC 存储器、SD 卡、SPI 等
JTAG 接口	可用于 DS-5
RTC 电池	供 RTC 使用，圆形锂电池(3V)
蜂鸣器	5V 无源蜂鸣器
USB 3.0	支持高速 3.0 协议通信
SD 卡接口	支持 SD 储存扩展
eDP 接口	eDP 显示接口，标配 9.7 英寸 eDP 显示屏，最高分辨率可支持 2560 像素×1600 像素 支持 10.1 英寸电容触摸的 MIPI 接口显示屏（1920 像素×1200 像素）及 9.7 英寸电容触摸的 eDP 接口显示屏（2048 像素×1536 像素）和 9.7 英寸多点电容触摸显示屏
音频接口	选用 Wolf 公司的 WM8976，音频输入/输出，同时配有音频输出放大电路，可接扬声器播放
USB-OTG 接口	用于程序镜像的烧写，ADB 调试
USB-HOST	4 个 USB 2.0 接口
网口	2 路 10M/100M 以太网接口
其他	I^2C 储存器、SPI 储存器、SATA 接口、MIPI 接口、摄像头接口、LED 灯、用户按键、红外线接收器、温/湿度模块、光照度模块、复位按键、GPS、GPRS 模块接口等

3.2.3　实验开发平台调试

Exynos5260 开发平台默认搭载 Android 4.4.2 系统，Android 系统由 Linux 内核＋Android 文件系统构成，Linux 内核管理设备的硬件和底层软件，Android 文件系统则与 Android 应用开发相关。

在 Exynos5260 开发平台调试过程中，硬件部分的工作信息在上电之后使用串口终端查看，计算机利用 Ubuntu 系统 Minicom 串口终端软件与 Exynos5260 开发平台实现通信。Android 系统运行信息通过 USB OTG 线使用 Android 自带的 ADB（Android debug）工具查看。

软件规格说明如下。

（1）系统引导程序：U-boot-2012.07。

（2）Linux 内核：Linux 3.4.39。

（3）文件系统：Android 4.4.2。

（4）调试工具：DNW1.01（Window）、Minicom（Ubuntu）。

（5）交叉工具：arm-2009q3（U-boot）、arm-eabi-4.6（Kernel）。

（6）文件系统类型：Ramdisk，Ext4。

（7）设备驱动：SD/MMC、FIMD、iNAND、DRAM、TOUCH、AUDIO、KEYPAD、USBOTG（ADB+MTP）、USB HOST（USB 键盘、USB 鼠标、U 盘）、HDMI、UART、GPS、

3G、WiFi、Bluetooth、Ethernet、RTC、MFC、Camera、JPEG、3D、PWM、FIMG2D 等。

3.2.4 Exynos5260 开发平台设置

1. PC 串口配置

PC 串口配置使用 DNW.exe 应用程序，具体步骤如下。

（1）双击应用软件，打开"UART/USB Options"对话框，设置端口号，如图 3-42 所示。

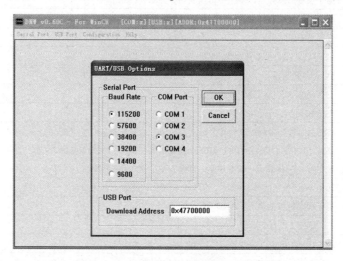

图 3-42 设置端口号

（2）单击菜单栏"Serial Port"→"Connect"，打开串口配置窗口，成功打开串口配置窗口后，实验箱开发平台上电或复位，DNW 应用软件窗口出现系统运行的相关信息，如图 3-43 所示。

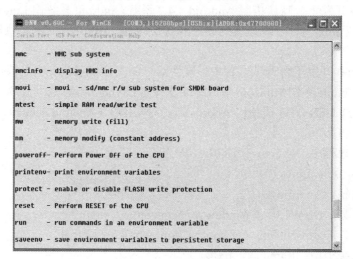

图 3-43 系统运行信息

2．Ubuntu 系统串口配置

Ubuntu 系统串口配置具体步骤如下。

（1）安装 Minicom。

```
#sudo apt-get install minicom
```

（2）配置 Minicom，弹出串口配置窗口，如图 3-44 所示。

```
#sudo minicom -s
```

图 3-44　串口配置窗口

（3）选择"Serial port setup"选项，按回车键，弹出如图 3-45 所示窗口。

图 3-45　选择"Serial port setup"界面

（4）修改窗口选项设置：A 选项修改为/dev/ttyUSB0；E 选项修改为 115200 8N1；F 选项设置为 No；修改完成后，按回车键退出"Serial port setup"设置，将光标移到"save setup as dfl"上，按回车键保存配置，然后将光标移到"Exit"上，按回车键退出配置并打开串口配置窗口，如图 3-46 所示。

图 3-46　修改窗口选项设置

（5）接上串口线，Exynos5260 开发平台上电，查看串口终端输出信息，如图 3-47 所示。

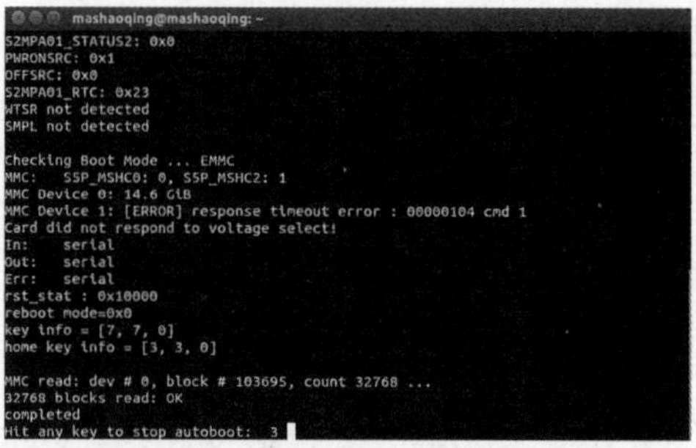

图 3-47　串口终端输出信息

3.2.5　系统镜像烧写

1. fastboot 烧写说明

烧写文件：gec_android_for-fastboot（烧写需启动 U-Boot）。

输入 fastboot 命令需要启动 U-Boot 系统。

系统镜像文件（5260images）

Linux 和 Android 的分区不同；fdisk 分区时要注意：

```
#mmc erase boot   0   0   0   （擦除启动参数）
#mmc erase user   0   0   0   （擦除用户数据）
#fdisk -c 0 400   300   300       （Linux 分区）
#fdisk -c 0 512   13600 300     （Android 分区）
```

2. fastboot 烧写 Linux 系统

首先连接 Exynos5260 开发平台配套的电源适配器、串口线和 Mini-usb 线；然后打开 DNW 串口工具，并在 Configuratiom 里设置串口参数，波特率为"115200"，COM Port 根据计算机串口号选择设置（如 COM4）；完成后单击"Serial Port"按钮，选择"connect"选项；最后给 Exynos5260 开发平台上电，3 秒内按回车键，串口显示终端界面如图 3-48 所示。

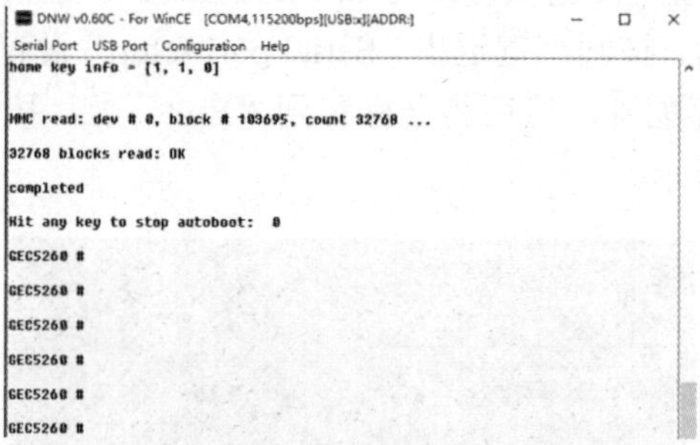

图 3-48　串口显示终端界面

输入 fastboot 后显示的界面如图 3-49 所示。

图 3-49　输入 fastboot 后显示的界面

　　计算机提示发现新硬件，提示安装 fastboot 驱动程序，打开设备管理器，右击 Android 1.0 选项，更新驱动，如图 3-50 所示。

图 3-50　安装 fastboot 驱动界面

　　浏览选择 Windows 平台开发工具目录下的 usb-driver 文件夹，单击"确定"按钮，进行驱动安装，如图 3-51 所示。

图 3-51　驱动选择安装界面

USB 驱动安装完成后，选择光盘的烧写镜像"auto.bat"，双击 auto 批处理文档，系统镜像自动烧写 3～5 分钟，批处理窗口自动消失，系统烧写或恢复完成。

烧写 Linux 系统批处理文件内容，通过记事本打开查阅或修改。

```
fastboot flash fwbl1 E5260.N.bl1_140303.bin.signed
fastboot flash bl2 gec5260-spl.bin
fastboot flash bootloader u-boot_gec.bin （系统引导文件）
fastboot flash tzsw tzsw.bin.signed
fastboot flash kernel zImage  （系统内核文件）
fastboot -w （擦除缓存）
fastboot flash system rootfs.ext4（文件系统）
fastboot reboot
```

烧写完系统后，系统重新复位上电，实验箱系统进入 Linux 系统。

3. fastboot 烧写 Android 系统

fastboot 烧写 Android 系统过程同 fastboot 烧写 Linux 系统一样，只是 auto 批处理文档不一样，具体如下。

烧写 Android 系统批处理文件内容，通过记事本打开查阅或修改。

```
fastboot flash fwbl1 E5260.N.bl1_140303.bin.signed
fastboot flash bl2 gec5260-spl.bin
fastboot flash bootloader u-boot_gec.bin （系统引导文件）
fastboot flash tzsw tzsw.bin.signed
fastboot flash kernel zImage  （系统内核文件）
fastboot flash ramdisk ramdisk.img （ramdisk 文件区镜像文件）
fastboot -w （擦除缓存）
fastboot flash system system.img （文件系统）
fastboot reboot
```

烧写完系统后，对实验开发平台系统进行复位自动进入 Android 系统。

第 4 章

Linux 应用开发基础

4.1 Linux 基础命令

Linux 是一款高可靠性、高性能的操作平台,而其所有优越性只有在用户直接使用 Linux 命令行(Shell 环境)进行操作时才能够充分体现出来。

Linux 命令行的功能非常齐全且相当强大,这主要得益于 Linux 丰富的命令,且支持用户自定义的命令。本章将分类对常用的 Linux 基础命令进行介绍。

1. 文件相关命令

Linux 中常用的文件相关命令分为文件管理和文件处理两部分,常用命令见表 4-1。

表 4-1　Linux 中常用的文件相关命令

类　型	命　　令	说　　明	格　　式
文件管理	pwd	显示当前路径	pwd
	ls	显示当前路径下的内容	ls [选项]
	mkdir	创建目录	mkdir [选项] 目录名
	rmdir	删除目录	rmdir [选项] 目录名
	cd	切换工作目录	cd [目录]
	touch	创建文件或更新文件修改时间	touch [选项] 文件名
	mv	重命名或移动文件	mv [选项] 源文件名 目标文件名
	cp	复制文件	cp [选项] 源文件 目标文件
	rm	删除文件	rm [选项] 文件名
文件处理	wc	显示行数、单词数和字节数	wc [选项] [文件名]
	find	查找文件	find [文件名] [条件]
	file	显示文件类别	file 文件名
	du	显示文件占用磁盘信息	du [选项] [文件名]
	chmod	修改文件访问权限	chmod [选项] 权限字串 文件名
	grep	查找字符串	grep [选项] 字符串 [文件名]

常用命令选项如下。

1）文件管理

（1）ls 命令常用选项见表 4-2。

表 4-2　ls 命令常用选项

选　　项	说　　明
-a 或--all	显示所有文件及目录
-d	仅显示目录名，而不显示目录下的内容列表
-i	显示文件索引节点号（inode）
-l	文件类型、权限、硬连接数、所有者、组、文件大小和文件的最后修改时间等
不带参数	列出当前目录下的文件

示例如下。

```
$ ls -a
mydir
```

（2）cd 命令常用选项见表 4-3。

表 4-3　cd 命令常用选项

选　　项	说　　明
/	根目录
.	当前目录
..	上层目录
~	用户目录，用户登录时所在目录
-	上次访问的目录

示例如下。

```
$ cd mydir
```

（3）rm 命令常用选项见表 4-4。

表 4-4　rm 命令常用选项

选　　项	说　　明
-d	直接把欲删除的目录的硬连接数据删除为 0，删除该目录
-f	强制删除文件或目录
-i	删除已有文件或目录前先询问用户
-r/-R	递归处理，将指定目录下的文件与子目录一并处理
-v	显示指令执行的过程

示例如下。

```
$ rm -rf myfile.txt
```

备注：此时再使用 ls 显示当前目录下文件和目录的详细信息，会发现文件 myfile.txt

已经不存在了。

（4）cp 命令常用选项见表 4-5。

表 4-5　cp 命令常用选项

选　　项	说　　　　明
-f	强制复制文件或目录，不论目标文件或目录是否存在
-i	覆盖已有文件前先询问用户
-r/-R	递归处理，将指定目录下的文件与子目录一并处理
-s	只创建符号连接而不复制文件
-v	显示指令的执行过程

示例如下。

```
$ cp myfile.txt ./myfile_1.txt
```

备注：此时再使用 ls 显示当前目录下文件和目录的详细信息，会发现有一个名为 myfile_1.txt 的文件。

2）文件处理

（1）wc 命令常用选项见表 4-6。

表 4-6　wc 命令常用选项

选　　项	说　　　　明
-c	统计字节数
-l	统计行数
-w	统计字数

示例如下。

```
$ wc /etc/bash.bashrc
68  302 2177 /etc/bash.bashrc
```

（2）find 命令常用选项见表 4-7。

表 4-7　find 命令常用选项

选　　项	说　　　　明
-name	指定字符串作为寻找文件或目录的匹配模板
-iname	效果同-name，但忽略大小写区别
-path	指定字符串为目录的匹配模板
-type	只寻找符合指定的文件类型的文件
-print	设 find 指令的回传值为 true，就将文件或目录名称列出到标准输出，格式可以自行指定

示例如下。

```
$ find /etc/ -name "bas*"
/etc/bash.bashrc
```

备注：本例中在/etc/目录下查找所有文件名以"bas"开头的文件。

（3）du 命令常用选项见表 4-8。

表 4-8 du 命令常用选项

选　项	说　明
-a	显示目录中所有文件的大小
-b	显示目录或文件大小时，以字节为单位
-c	显示目录中所有文件的大小，同时也显示所有目录或文件的总和
-h	以 K、M、G 为单位，提高信息的易读性
-s	仅显示总计

示例如下。

```
$ du -sh /etc/bash.bashrc
4.0K    /etc/bash.bashrc
```

备注：结果表示/etc/bash.bashrc 文件占用了 4KB 的磁盘空间。

（4）chmod 命令常用选项见表 4-9。

表 4-9 chmod 命令常用选项

选　项	说　明
u	表示文件或目录的拥有者
g	表示与此文件拥有者属于一个组群的人
o	表示其他人，除文件或目录拥有者或所属群组外
a	表示包含以上三者，即文件拥有者（u）、群组（g）、其他（o）
+	表示增加权限
=	表示唯一设置权限
-	表示取消权限，数字代号为"0"
r	表示有读取的权限，数字代号为"4"
w	表示有写入的权限，数字代号为"2"
x	表示有执行的权限，数字代号为"1"

示例如下。

```
$sudo chmod 777 /etc/bash.bashrc
```

备注：此时使用 ls –l /etc/bash.bashrc 命令可以发现文件/etc/bash.bashrc 的权限已经变成"-rwxrwxrwx"。为了保持系统安全性，建议使用同样的方法（使用 chmod 644 /etc/bash.bashrc 命令）将文件/etc/bash.bashrc 改为一个比较安全的权限"-rw-r--r--"。

（5）grep 命令常用选项见表 4-10。

表 4-10 grep 命令常用选项

选　项	说　明
-d/-r	当指定要查找的是目录而非文件时，必须使用这项参数
-f	从指定文件中提取模板
-i	忽略大小写区别

（续表）

选　项	说　明
-l	打印匹配模板的文件清单
-L	打印不匹配模板的文件清单

示例如下。

```
$ grep "export PATH" ~/.bashrc
export PATH=/usr/local/arm/5.4.0/usr/bin:$PATH
```

备注：本例中在"~/.bashrc"文件中抽取并列出了包含有字符串"export PATH"的行。

2．系统相关命令

Linux 系统命令分为系统信息查询、进程管理和用户管理三部分，常用 Linux 系统命令见表 4-11。

表 4-11　常用 Linux 系统命令

类　型	命　令	说　明	格　式
系统信息查询	uname	当前系统相关信息	uname [选项]
	hostname	用以显示或设置系统的主机名称	hostname [选项]
	date	显示或设置系统时间与日期	date [选项] [日期]
	cal	显示日历	cal [选项] [年份/月份]
	uptime	打印系统总计运行了多长时间和系统的平均负载	Uptime
	dmesg	显示开机信息	dmesg [选项]
进程管理	top	显示当前系统状态信息	top [选项]
	ps	显示进程状态	ps [选项] [进程号]
	kill	终止进程	kill [选项] [进程号]
用户管理	who	显示登录到系统的所有用户	Who
	whoami	显示当前用户	Whoami
	last	显示近期登录的用户信息	Last
	useradd	添加用户	useradd [选项] 用户名
	usermod	修改用户账号基本信息	usermod [选项] 属性值
	userdel	删除用户	userdel [选项] 用户名
	su	用户切换	su [选项] 用户名
	passwd	修改用户密码	passwd [用户名]
	groupadd	添加用户组	groupadd [选项] 用户组名
	groupmod	设置用户组账号属性	groupmod [选项] 属性值
	groupdel	删除用户组	groupdel [选项] 用户组名
	id	显示用户 ID、组 ID 和所属组列表	id [用户名]
	groups	显示用户所属组	groups [用户名]

1）系统信息查询

（1）uname 命令常用选项见表 4-12。

表 4-12　uname 命令常用选项

选　项	说　明
-a/--all	打印出所有信息
-s，--kernel-name	打印出内核名称
-n，--nodename	打印出网络上主机名称
-p，--processor	打印出处理器类型
-o，--operating-system	打印出运行的系统

示例如下。

```
$ uname -a
Linux gec-machine 4.2.0-27-generic #32~14.04.1-Ubuntu SMP Fri Jan 22
15:32:26 UTC 2016 x86_64 x86_64 x86_64 GNU/Linux
```

备注：本例中打印了包括操作系统名称在内的所有系统相关信息。

（2）date 命令常用选项见表 4-13。

表 4-13　date 命令常用选项

选　项	说　明
-d datestr	显示由 datestr 描述的日期
-s datestr	设置 datestr 描述的日期
-u	显示或设置通用时间

示例如下。

```
$date 062510322017.30
2017 年 06 月 25 日 星期一 10:32:30 CST
```

备注：本例将系统时间设置为 2017 年 6 月 25 日 10 点 32 分 30 秒。

2）进程管理

（1）ps 命令常用选项见表 4-14。

表 4-14　ps 命令常用选项

选　项	说　明
-ef	查看所有进程及 PID（进程号）、系统时间、命令详细目录、执行者等
-aux	除可显示-ef 所有内容外，还可显示 CPU 及内存占有率和进程状态
-w	显示加宽且可以显示较多信息

示例如下。

```
$ ps -ef
UID       PID PPID  C STIME TTY     TIME CMD
kitty       1    0  0 Jun24 ?    00:00:03 init [5]
kitty       2    1  0 Jun24 ?    00:00:00 [migration/0]
kitty       3    1  0 Jun24 ?    00:00:00 [ksoftirqd/0]
```

......

```
kitty      19508 10018   0 03:30 pts/2    00:00:00 bash
kitty      22561 10018   0 05:20 pts/1    00:00:00 bash
kitty      31630 19508  89 10:53 pts/2    00:00:05 ./deadLoop
kitty      31512 19508   0 10:48 pts/2    00:00:00 ps -ef
```

备注：本例显示了所有正在运行的进程的状态。

（2）kill 命令常用选项见表 4-15。

表 4-15　kill 命令常用选项

选　　项	说　　明
-s	根据指定信号发送给进程
-p	打印出进程号，但不送出信号
-l	列出所有可用的信号名称

示例如下。

```
$ kill 31630
```

3）用户管理

（1）who 命令常用选项见表 4-16。

表 4-16　who 命令常用选项

选　　项	说　　明
-H 或 --heading	显示各栏位的标题信息列
-q 或 --count	只显示登入系统的账号名称和总人数
-s	此参数将忽略不予处理，默认参数
--version	显示版本信息

示例如下。

```
$who -H
名称     线路      时间          备注
kitty  :0      2017-07-11 17:12 (:0)
kitty  pts/2   2017-07-11 17:12 (:0)
```

（2）useradd 命令常用选项见表 4-17。

表 4-17　useradd 命令常用选项

选　　项	说　　明
-d, --home-dir HOME_DIR	新账户的主目录
-D, --defaults	显示或更改默认的 useradd 配置
-e, --expiredate EXPIRE_DATE	新账户的过期日期
-G, --groups GROUPS	新账户的附加组列表
-l, --no-log-init	不要将此用户添加到最近登录和登录失败数据库
-o, --non-unique	允许使用重复的 UID 创建用户
-r, --system	创建一个系统账户

示例如下：

```
$sudo useradd  box5260
```

备注：创建了名为 box5260 的普通账户。

（3）passwd 命令常用选项见表 4-18。

表 4-18　passwd 命令选项

选　项	说　明
-d	删除指定账户的密码
-a	报告所有账户的密码状态
-k	仅在过期后修改密码
-l	锁定指定的账户
-S	报告指定账户密码的状态
-u	解锁被指定账户
-x	设置密码的有效期

示例如下：

在 useradd 命令中已经创建了一个 box5260 的账户，现在为它设置密码为"123456"。

```
kitty@kitty-machine:~$ sudo passwd box5260
输入新的 UNIX 密码：
重新输入新的 UNIX 密码：
passwd：已成功更新密码
```

3. 网络相关命令

常用 Linux 网络命令见表 4-19。

表 4-19　常用 Linux 网络命令

类　型	命　令	说　明	格　式
网络命令	ifconfig	显示或设置网络设备	ifconfig [网络设备][选项]
	ping	测试主机之间网络的连通性	ping [选项] 主机名或 IP
	netstat	用于显示网络状态信息	netstat [选项]

下面对使用较频繁的 ifconfig 命令进行讲解，ifconfig 命令常用选项见表 4-20。

表 4-20　ifconfig 命令常用选项

选　项	说　明
add[地址]	设置网络设备 IPV6 的 IP 地址
del[地址]	删除网络设备 IPV6 的 IP 地址
down	关闭指定的网络设备
up	启动指定的网络设备
netmask[子网掩码]	设置网络设备的子网掩码
[IP 地址]	指定网络设备的 IP 地址
[网络设备]	指定网络设备的名称

4．压缩打包相关命令

常用 Linux 压缩打包命令见表 4-21。

表 4-21　常用 Linux 压缩打包命令

命　　令	说　　明	格　　式
tar	打包备份文件	tar [选项] [文件]
bzip2	bz2 文件格式压缩或解压	bzip2 [选项] [文件名]
bunzip2	bz2 文件格式解压	bzip2 [选项] 文件名
bzip2recover	修复损坏的 bz2 文件格式	bzip2recover 文件名
gzip	gz 文件格式压缩	gzip [选项] [文件名]
gunzip	gz 文件格式解压	gunzip [选项] 文件名
unzip	zip 文件格式（由 winzip 压缩）解压	unzip [选项] 文件名
compress	早期的压缩解压（后缀名为.Z）	compress [选项] 文件名

下面对使用较频繁的 tar 命令进行解析，tar 命令常用选项见表 4-22。

表 4-22　tar 命令常用选项

选　项	说　　明	选　项	说　　明
−t	列出压缩文件内容目录	−Z	使用 compress 命令处理压缩文件
−x	从归档文件中解压文件	−z	使用 gzip 命令处理压缩文件
−c	创建新的压缩文件	−j	使用 bzip2 命令处理压缩文件
−f	指定压缩文件或设备	−C	解压到指定目录
−v	显示命令的执行过程		

示例如下。

```
$ tar -jcf mydir.tar.bz2  mydir/
```

5．其他命令

Linux 中一些其他常见的命令见表 4-23。

表 4-23　其他常见的命令

命　令	说　　明	格　　式
clear	清屏	clear
cat	显示文本文件内容	cat [选项] [文件名]
mount	挂载	mount [选项] 设备或节点 目标目录
man	查看指定命令的帮助文档	man [选项] 命令名

下面对使用较频繁 mount 命令进行讲解，mount 命令常用选项见表 4-24。

表 4-24　mount 命令常用选项

选　　项	说　　明
−a	把/etc/fstab 中定义的所有文件系统挂载
−r	把文件系统挂载为只读

（续表）

选　项	说　明
-v	详细显示挂载信息
-w	将文件系统挂载为可写，为命令默认情况
-t[文件系统]	指定设备的文件系统类型

示例如下。

```
$mount -t vfat /dev/sdb1 /home/kitty/mydir
```

备注：本例可以挂载 U 盘，其中设备节点"/dev/sdb1"的主、次设备号分别为 8 和 17。

4.2　Linux 下 C 语言编程环境

4.2.1　Linux 下 C 语言编程环境概述

Linux 下的 C 语言程序设计与在其他环境中的 C 程序设计一样，主要涉及编辑器、编译连接器、调试器及项目管理工具。

1. 编辑器

Linux 下的编辑器就如 Windows 下的 Word、记事本等一样，完成对所录入文字的编辑功能。Linux 中最常用的编辑器有 Vi（Vim）编辑器，其功能强大、使用方便，广受编程爱好者的喜爱。

2. 编译连接器

编译是指源代码转化生成可执行代码的过程。编译过程是非常复杂的，它包括词法、语法和语义的分析，中间代码的生成和优化，以及符号表的管理和出错处理等。在 Linux 中，最常用的编译器是 GCC 编译器。它是 GNU 推出的功能强大、性能优越的多平台编译器，其执行效率与一般的编译器相比平均效率要高 20%～30%，堪称为 GNU 的代表作品之一。

3. 调试器

调试器并不是代码执行的必备工具，而是专为程序员方便调试程序所用的。有编程经验的读者都知道，在编程的过程中，往往调试所消耗的时间远远大于编写代码所消耗的时间。因此，有一个功能强大、使用方便的调试器是必不可少的。GDB 是绝大多数 Linux 开发人员所使用的调试器，它可以方便地设置断点、单步跟踪等，以满足开发人员的需要。

4. 项目管理器

Linux 中的项目管理器"make"有些类似于 Windows 中 Visual C++里的"工程"，它是一种控制编译或重复编译软件的工具。另外，它还能自动管理软件编译的内容、方式和时机，使程序员能够把精力集中在编写代码上而不是在源代码的组织上。

4.2.2　Vi 编辑器

Vi 是 Linux 系统的第一个全屏幕交互式编辑程序，它从诞生至今一直得到广大用户的青睐，历经数十年仍然是人们主要使用的文本编辑工具，由此可见其生命力之强，而强大的生命力是其强大的功能带来的。Vi 编辑器常用到的是编辑模式和命令模式，编辑模式下可以完成文本的编辑功能，命令模式下可以完成对文件的操作命令，要正确使用 Vi 编辑器就必须熟练掌握这两种模式的切换。默认情况下，打开 Vi 编辑器后自动进入命令模式。从编辑模式切换到命令模式使用 Esc 键，从命令模式切换到编辑模式可使用 "a" "o" "i" 键。

（1）举例编写第一个 helloworld.c 程序。

第一步，创建源代码文件 helloworld.c。

```
$ vi helloworld.c
```

第二步，编写源代码 helloworld.c，按键 i/a 字符，进入插入模式。

```
#include<stdio.h>
int main(void)
{
    printf("Hello world!\n");
    return 0;
}
```

第三步，保存退出。

在 Vi 编辑器按 Esc 键，进入命令模式，输入 ":wq"，按回车键，保存文件并退出 Vi。

（2）Vi 编辑器常用命令见表 4-25。

表 4-25　Vi 编辑器常用命令

Vi 命令	说　　明
:w	保存
:w filename	filename 另存为 filename
:wq!	保存退出
wq! filename	以 filename 为文件名保存后退出
:q!	不保存退出
j	光标向下移动一行
k	光标向上移动一行
h	光标向左移动一个字符
l	光标向右移动一个字符
i	在光标之前插入
a	在光标之后插入
I	在光标所在行的行首插入
A	在光标所在行的行末插入
O	在光标所在的行的上面插入一行

Vi 命令	说　明
o	在光标所在的行的下面插入一行
yy	复制光标所在的一行
p	将剪贴板中的资料粘贴到光标所在处
s	删除光标后的一个字符，然后进入插入模式
S	删除光标所在的行，然后进入插入模式
x	剪切一个字符
Nx	剪切几个字符，N 表示数字，如 3x
d$	删除光标到行尾的内容
dd	删除一行
Ctrl+U	向上翻页
Ctrl+D	向下翻页

Vi 的命令不止上述这些，但是掌握上述指令作为初学者已经足够了。

4.2.3　GNU GCC 的使用

1. GCC 概述

GCC（GNU Compiler Collection，GNU 编译器套装）是一套由 GNU 开发的编程语言编译器。它是一套以 GPL 及 LGPL 许可证所发行的自由软件，也是 GNU 计划的关键部分，还是自由的类 UNIX 及苹果电脑 Mac OS X 操作系统的标准编译器。GCC 原名为 GNU C 语言编译器，它原本只能处理 C 语言。GCC 很快拓展，变得可处理 C++。之后也变得可处理其他语言。

2. GCC 编译流程

GCC 编译产生可执行文件需要经历 4 个步骤：预处理（Pre-Processing）、编译（Compiling）、汇编（Assembling）、连接（Linking）。

下面就具体查看一下 GCC 编译器是如何完成这 4 个步骤的。

首先使用 Vi 编写 hello.c 文件。

```
#include<stdio.h>
int main()
{
        printf("Hello! This is our embedded world!\n");
        return 0;
}
```

GCC 编译命令的一般格式为：gcc [选项] 要编译的文件 [选项] [目标文件]

1）预处理阶段

该阶段是将头文件 stdio.h 进行编译，使用-E 选项，执行预处理工作，命令如下。

```
$ gcc -E hello.c -o hello.i
```

使用命令查看 cat hello.i，查看 hello.i 文件的部分内容：

```
typedef int (*__gconv_trans_fct) (struct __gconv_step *,
struct __gconv_step_data *, void *,
__const unsigned char *,
__const unsigned char **,
__const unsigned char *, unsigned char **,
size_t *);
...
# 2 "hello.c" 2
int main()
{
printf("Hello! This is our embedded world!\n");
return 0;
}
```

由此可见，GCC 的确进行了预处理，它把"stdio.h"的内容插入到 hello.i 文件中。

2）编译阶段

本阶段编译工作检查代码的规范性、是否有语法错误等，以确定代码实际要做的工作，在检查无误后，GCC 把代码翻译成汇编语言。使用"-S"选项，执行编译处理而不进行汇编工作，命令如下。

```
$ gcc -S hello.i -o hello.s
```

使用命令查看 cat hello.s，查看 hello.s 文件的内容：

```
        .file   "hello.c"
        .section    .rodata
        .align 8
.LC0:
        .string "Hello! This is our embedded world!"
        .text
        .globl  main
        .type   main, @function
main:
.LFB0:
        .cfi_startproc
        pushq   %rbp
        .cfi_def_cfa_offset 16
        .cfi_offset 6, -16
        movq    %rsp, %rbp
        .cfi_def_cfa_register 6
        movl    $.LC0, %edi
        call    puts
```

```
        movl    $0, %eax
        popq    %rbp
        .cfi_def_cfa 7, 8
        ret
        .cfi_endproc
.LFE0:
        .size   main, .-main
        .ident  "GCC: (Ubuntu 4.8.4-2ubuntu1~14.04.1) 4.8.4"
        .section    .note.GNU-stack,"",@progbits
```

3）汇编阶段

本阶段工作主要把编译阶段生成的".s"文件转成".o"的目标文件，使用"-c"选项，执行编译工作，命令如下。

```
$gcc -c hello.s -o hello.o
```

4）连接阶段

将程序的目标文件与所需的所有附加的目标文件连接起来，最终生成可执行文件。附加的目标文件包括静态连接库和动态连接库。使用命令如下。

```
$gcc hello.o -o hello
```

运行该可执行文件，出现的结果如下。

```
$./hello
Hello! This is our embedded world!
```

3. GCC 编译选项

GCC 有超过 100 个可选项，主要包括总体选项、警告与出错选项、优化选项和体系结构相关选项，常用的 GCC 选项见表 4-26。

表 4-26　常用的 GCC 选项

选　　项	说　　明
-c	只是编译不连接，生成目标文件 ".o"
-S	只是编译不汇编，生成汇编代码
-E	只进行预编译，不做其他处理
-g	在可执行程序中包含标准调试信息
-o file	把输出文件输出到 file 里
-v	打印出编译器内部编译各过程的命令行信息和编译器的版本
-I dir	在头文件的搜索路径列表中添加 dir 目录
-L dir	在库文件的搜索路径列表中添加 dir 目录
-static	连接静态库
-ansi	关闭 gnu c 中与 ansi c 不兼容的特性，激活 ansi c 的专有特性
-w	关闭所有警告
-Wall	生成所有警告信息

4.2.4　GDB 调试器的使用

GDB 是 GNU 开源组织发布的一个强大的 Linux 下的程序调试工具。一般来说，GDB 主要帮助完成以下面 4 个方面的功能。

一是启动程序，按照自定义的要求运行。

二是可让被调试的程序在所指定的调整断点处停住（断点可以是条件表达式）。

三是当程序被停住时，可以检查此时你的程序中所发生的事情，包括查看当前状态下程序中指定变量的值。

四是动态地改变程序的执行环境。

举例如下。

（1）使用 Vi 编译文件 test.c，用于 GDB 调试器调试。

```
#include <stdio.h>
int sum(int m);
int main()
{
    int i,n=0;
    sum(50);
    for(i=1; i<=50; i++)
    {
        n += i;
    }
    printf("The sum of 1-50 is %d \n", n );
    return 0;
}
int sum(int m)
{
    int i,n=0;
    for(i-1; i<-m;i++)
        n += i;
    printf("The sum of 1-m is %d\n", n);
}
```

保存退出。

（2）使用 GCC 对 test.c 进行编译，注意加上选项"-g"选项，这样编译出的可执行代码中才包含调试信息，否则之后 GDB 无法载入该可执行文件。

```
$ gcc -g test.c -o test
```

（3）使用命令 gdb test，启动 GDB 进行调试。

```
$ gdb test
```

```
GNU gdb (Ubuntu 7.7.1-0ubuntu5~14.04.2) 7.7.1
Copyright (C) 2014 Free Software Foundation, Inc.
License GPLv3+: GNU GPL version 3 or later <http://gnu.org/licenses/
gpl.html>
This is free software: you are free to change and redistribute it.
There is NO WARRANTY, to the extent permitted by law.  Type "show copying"
and "show warranty" for details.
This GDB was configured as "x86_64-linux-gnu".
Type "show configuration" for configuration details.
For bug reporting instructions, please see:
<http://www.gnu.org/software/gdb/bugs/>.
Find the GDB manual and other documentation resources online at:
<http://www.gnu.org/software/gdb/documentation/>.
For help, type "help".
Type "apropos word" to search for commands related to "word"...
Reading symbols from test...done.
```

（4）使用 l（list），查看源文件。

```
(gdb) l
1    #include <stdio.h>
2    int sum(int m);
3    int main()
4    {
5        int i,n=0;
6        sum(50);
7        for(i=1; i<=50; i++)
8        {
9        n += i;
10       }
(gdb) l
11       printf("The sum of 1-50 is %d \n", n );
12       return 0;
13   }
14   int sum(int m)
15   {
16       int i,n=0;
17       for(i=1; i<=m;i++)
18        n += i;
19       printf("The sum of 1-m is %d\n", n);
20   }
```

可以看出，GDB 列出的源代码中明确地给出了对应的行号，这样就可以方便代码的定位。

（5）使用命令 b（break），设置断点，查看源文件。

```
(gdb) b 6
Breakpoint 1 at 0x40053c: file test.c, line 6..
```

（6）使用命令 info b，查看断点设置情况。

```
(gdb) info b
Num     Type           Disp Enb Address            What
1       breakpoint     keep y   0x000000000040053c in main at test.c:6
```

（7）使用命令 r（run），运行代码程序。

```
(gdb) r
Starting program: /home/kitty/test

Breakpoint 1, main () at test.c:6
6       sum(50);
```

可以看到，程序运行到断点处就停止了。

（8）使用命令 p（print），格式为 p[变量名]，查看变量的值。

```
(gdb) p n
$1 = 0
(gdb) p i
$2 = 0
```

（9）使用命令 n（step），进行单步调试。

```
(gdb) n
The sum of 1-m is 1275
7       for(i=1; i<=50; i++)
(gdb) s
9       n += i;
```

可见，使用"n"后，程序显示函数 sum 的运行结果并向下执行，而使用"s"后则进入到 sum 函数中单步运行。

（10）使用命令 c（continue），恢复程序运行。

```
(gdb) c
Continuing.
The sum of 1-50 is 1275
[Inferior 1 (process 7506) exited normally]
```

可以看出，程序在运行完毕后退出，之后程序处于"停止状态"。

综上所述，GDB 调试使用了很多命令，GDB 涉及的命令还有很多，下面介绍常用的 GDB 调试命令，见表 4-27。

表 4-27　常用的 GDB 调试命令

命 令 格 式	含　义
run(r)[参数]	运行程序
list(t)[起始行]，[结束行]	查看指定行代码
set args 运行时的参数	指定运行时参数，如 set args 2
show args	查看设置好的运行参数
path dir	设定程序的运行路径
show paths	查看程序的运行路径
break(b)行号或函数名 <条件表达式>	设置断点
quit(q)	退出 GDB 调试
cd dir	进入到 dir 目录，相当于 Shell 中的 cd 命令
pwd	显示当前工作目录
shell command	运行 Shell 的 command 命令
info b	查看所设断点
tbreak　行号或函数名 <条件表达式>	设置临时断点，到达后被自动删除
delete(d) [断点号]	删除指定断点，其断点号为"info　b"中的第一栏。若默认断点号则删除所有断点
disable [断点号]]	停止指定断点，使用"info b"仍能查看此断点。同 delete 一样，默认断点号则停止所有断点
enable [断点号]	激活指定断点，即激活被 disable 停止的断点
condition [断点号] <条件表达式>	修改对应断点的条件
ignore [断点号]<num>	在程序执行中，忽略对应断点 num 次
step(s)	单步恢复程序运行，且进入函数调用
next(n)	单步恢复程序运行，但不进入函数调用
finish	运行程序，直到当前函数完成返回
continue(c)	继续执行函数，直到函数结束或遇到新的断点
list <行号>|<函数名>	查看指定位置代码
file [文件名]	加载指定文件
print [变量名]	查看程序运行时对应表达式和变量的值

4.3　GNU Make 命令和 Makefile 文件

1．Makefile 概述

一个工程中的源文件不计其数，其按类型、功能、模块分别放在若干个目录中，Makefile 定义了一系列的规则来指定，哪些文件需要先编译，哪些文件需要后编译，哪些文件需要重新编译，甚至于进行更复杂的功能操作，因为 Makefile 就像一个 Shell 脚本一样，其中也可以执行操作系统的命令。

在 Makefile 文件中描述了整个工程所有文件的编译顺序、编译规则。Makefile 的好处就是"自动化编译"，一旦写好，只需要一个 make 命令，整个工程完全自动编译，极大地提高了软件开发的效率，其中，make 是一个解释 Makefile 中指令的命令工具。Makefile 有自己的书写格式、关键字、函数。像 C 语言有自己的格式、关键字和函数一样，而且在 Makefile 中可以使用 Shell 所提供的任何命令来完成想要的工作。

2. 简单 Makefile 编写

（1）编写 C 语言程序，由 3 个文件组成。

文件 main.c:

```
#include "mytool1.h"
int main()
{
    mytool1_print("hello mytool1!");
    return 0;
}
```

文件 mytool1.c:

```
#include "mytool1.h"
#include <stdio.h>
void mytool1_print(char *print_str)
{
    printf("This is mytool1 print : %s ",print_str);
}
```

文件 mytool1.h:

```
#ifndef _MYTOOL_1_H
#define _MYTOOL_1_H
void mytool1_print(char *print_str);
#endif
```

（2）使用 Vi 编写 Makefile（简单写法），具体如下。

```
main:main.o mytool1.o
    gcc -o main main.o mytool1.o
main.o:main.c mytool1.h
    gcc -c main.c
mytool1.o:mytool1.c mytool1.h
    gcc -c mytool1.c
clean:
    rm -f *.o main
```

（3）保存退出，在终端输入 make，查看运行产生的可执行文件，执行显示如下。

```
gcc -c main.c
gcc -c mytool1.c
gcc -o main main.o mytool1.o
```

执行结果如下。

```
$./main
This is mytool1 print : hello mytool1!
```

上面是初级的 Makefile，main 是最终目标，main.o、mytool1.o 是目标所依赖的源文件，下面是一条命令"gcc -o main main.o mytool1.o "（以 Tab 键开头）。这个规则说明两件事：

①文件的依赖关系，main 依赖于 main.o、mytool1.o 文件，如果 main.o、mytool1.o 的文件日期比 main 文件日期要新，或是 main 不存在，那么依赖关系发生。

②如何生成（或更新）main 文件。也就是 gcc 命令，其说明了如何生成 main 这个文件。

（4）改写 Makefile，用变量进行代替，改写后的内容如下。

```
OBJ=main.o mytool1.o
main:$(OBJ)
        gcc -o main $(OBJ)
main.o:main.c mytool1.h
        gcc -c main.c
mytool1.o:mytool1.c
        gcc -c mytool1.c
clean:
        rm -f main $(OBJ)
```

（5）继续改写 Makefile，使用自动变量，改写后的内容如下。

```
CC = gcc
OBJ = main.o mytool1.o
main: $(OBJ)
    $(CC) -o $@ $^
main.o: main.c mytool1.h
    $(CC) -c $<
mytool1.o: mytool1.c mytool1.h
    $(CC) -c $<
clean:
    rm -f main $(OBJ)
```

通过上述例子，应掌握 Makefile 的基本规则，以及 make 命令的使用方法，由于 GNU Make 的内容繁多，下面针对常用 Makefile 编写规则（见表 4-28 和表 4-29）进行补充说明。

表 4-28　Makefile 中常见预定义变量

命 令 格 式	含 义
AR	函数库打包程序，默认值为 ar
AS	汇编编译器，默认值为 as
CC	C 编译器，默认值为 cc

（续表）

命 令 格 式	含 义
CPP	C 预编译器，默认值为$（CC）–E
CXX	C++编译器，默认值为 g++
RM	删除程序，默认值为 rm –f
ARFLAGS	执行 AR 命令的命令行参数
ASFLAGS	编译器 AS 的命令行参数
CFLAGS	C 编译器的选项
CPPFLAGS	C 预编译的选项，无默认值
CXXFLAGS	C++编译器的选项
FFLAGS	FORTRAN 编译器的选项

表 4-29　Makefile 中常见的自动变量

命 令 格 式	含 义
$*	在模式规则和静态模式规则中，代表"茎"
$+	所有的依赖文件，以空格分开，并以出现的先后顺序，可能包含重复的依赖文件
$<	第一个依赖文件的名称
$?	所有比目标文件更新的依赖文件列表，空格分割
$@	目标的完整名称
$^	所有依赖文件，以空格分开
$%	当规则的目标文件是一个静态库文件时，代表静态库的一个成员名，否则为空

3．Makefile 的隐含规则

"隐含规则"为 make 提供了重建一类目标文件通用方法，不需要在 Makefile 中明确地给出重建特定目标文件所需要的细节描述。例如，make 对 C 文件的编译过程是由.c 源文件编译生成.o 目标文件。当 Makefile 中出现一个.o 文件目标时，make 会使用这个通用的方式将后缀为.c 的文件编译称为目标的.o 文件。使用 make 内嵌的隐含规则，在 Makefile 中就不需要明确给出重建某一个目标的命令，甚至可以不需要规则。make 会自动根据已存在（或可以被创建）的源文件类型来启动相应的隐含规则。

下面是 Makefile 中常用的隐含规则。

（1）编译 C 程序："．o"的目标的依赖目标会自动推导为"．c"，并且其生成命令是：

```
$(CC) -c $(CPPFLAGS) $(CFLAGS)
```

（2）编译 C++程序："．o"的目标的依赖目标会自动推导为"．cc"或"．C"，并且其生成命令是：

```
"$(CXX) -c $(CPPFLAGS) $(CFLAGS)"
```

建议使用"．cc"作为 C++源文件的后缀，而不是"．C"。

（3）汇编和需要预处理的汇编程序："．o"的目标的依赖目标会自动推导为"．s"，默认使用编译器"as"，并且其生成命令是：

```
"$(AS) $(ASFLAGS)"
```

".s"的目标的依赖目标会自动推导为".S"，默认使用 C 预编译器"cpp"，并且其生成命令是：

```
"$(AS) $(ASFLAGS)"
```

（4）连接单一的 object 文件："" 目标依赖于".o"，通过运行 C 的编译器来运行连接程序生成（一般是"ld"），其生成命令是：

```
"$(CC) $(LDFLAGS) .o $(LOADLIBES) $(LDLIBS)"
```

4.4 Linux 的 Shell 编程

4.4.1 Shell 简介

Shell 是系统的用户界面，提供了用户与内核进行交互操作的一种接口。它接收用户输入的命令并把它送入内核去执行。实际上 Shell 是一个命令解释器，它解释由用户输入的命令并把它们送到内核。不仅如此，Shell 有自己的编程语言用于对命令的编辑，它允许用户编写由 Shell 命令组成的程序。Shell 编程语言具有普通编程语言的很多特点，如它也有循环结构和分支控制结构等，用这种编程语言编写的 Shell 程序与其他应用程序具有同样的效果。

Shell 既是一种命令语言，又是一种程序设计语言。作为命令语言，它交互式地解释和执行用户输入的命令；作为程序设计语言，它定义了各种变量和参数，并提供了许多在高级语言中才具有的控制结构，包括循环和分支。

Shell 有两种执行命令的方式。

交互式（Interactive）：解释执行用户的命令，用户输入一条命令，Shell 就解释执行一条。

批处理（Batch）：用户事先写一个 Shell 脚本（Script），其中有很多条命令，让 Shell 一次性把这些命令执行完，而不必一条一条地输入命令。

4.4.2 Shell 变量与环境变量

在 Linux 环境中，存在大量不同的 Shell 变量，既有环境本身自带的系统变量，也有用户自定义的普通变量。根据前面常用命令，我们可以用 set 命令查看 Linux 系统当前所有变量及其内容。

```
$ set
BASH=/bin/bash
BASHOPTS=checkwinsize:cmdhist:complete_fullquote:expand_aliases:extg
lob:extquote:force_fignore:histappend:interactive_comments:progcomp:promptva
```

```
rs:sourcepath
        BASH_ALIASES=()
        BASH_ARGC=()
        BASH_ARGV=()
        BASH_CMDS=()
        BASH_COMPLETION_COMPAT_DIR=/etc/bash_completion.d
        BASH_LINENO=()
        BASH_REMATCH=()
        BASH_SOURCE=()
        BASH_VERSINFO=([0]="4" [1]="3" [2]="11" [3]="1" [4]="release" [5]="x86_
64-pc-linux-gnu")
        BASH_VERSION='4.3.11(1)-release'
        ……
```

1. 自定义变量

定义：变量名=变量值。

在使用变量之前不需要事先声明，只要通过"="给它们赋初始值便可使用。但等号两边不能留空格，若一定要出现空格，就要用双引号括起来。

示例如下。

```
$ myname=kitty
```

此时系统便定义了 myname 这个内容为 kitty 的变量

查看变量内容：在变量名前面加上一个$符号，再用 echo 命令将其内容输出到终端上。

示例如下。

```
$ echo $myname
kitty
```

此时可以看到前面定义好的变量 myname 的内容 kitty，使用同样的方法可以查看系统已有的变量。

示例如下。

```
$ echo $HOME
/home/kitty
```

取消变量：利用"unset 变量"可以取消系统中已有变量。

示例如下。

```
$ echo $myname
kitty
$ unset myname
$ echo $myname

$
```

创建全局变量：在此之前所创建的变量均为当前 Shell 下的局部变量，不能被其他 Shell 利用。因此，可以使用"export 变量名"将局部变量转化为全局变量，也可以直接利用"export 变量名=变量值"来创建一个全局变量。

示例如下。

```
$ myname=kitty
$ echo $myname
kitty
$ bash
$ echo $myname

$ exit
exit
$ export myname
$ bash
$ echo $myname
kitty
$ ps
PID TTY        TIME CMD
12528 pts/1  00:00:00 bash
16815 pts/1  00:00:00 bash
16831 pts/1  00:00:00 ps
$
```

2. 命令行变量

在 Linux/UNIX 系统中，Shell 脚本执行时可带实参。这些实参在脚本执行期间将会被系统赋值给一类变量，这类变量就是命令行变量。

命令行实参与脚本中命令行变量的对应关系如下。

```
Exam    m1   m2   m3   m4
$0   $1   $2   $3   $4   $5   $6   $7   $8   $9   ${10}   ${11}
```

$0：获取（包含）脚本名称。

$1～$9：获取（包含）第 1 至第 9 个参数。

${ }：获取第 9 个以上参数。

$#：表示传给脚本或函数的命令行参数的个数（不包括$0）。

$*：所有命令行参数的列表，形式是一个单个字符串，其中第 1 个参数由第 1 个字符串分隔。

$@：所有命令行参数被分别表示为双引号中的 N（参数个数，不含$0）个字符串。

```
$ echo one two three
```

分析：有 4 个位置参数，即 1 个命令名（ echo ）+3 个参量（ one、two 和 three ）。

```
$0 = echo   $1 = one   $2 = two   $3 = three
```

从上面对位置参数的解析中可以发现：

（1）如果执行 Shell 脚本时没有传递任何实参，$0（脚本名称）、$#（为 0）等也存在，而$1、$2 等则不存在。等脚本执行完毕，命令行参数又恢复为系统初始值。

示例如下。

```
$ vi sh.sh
#!/bin/bash
echo "first_parameter= $1"
echo "second_parameter=$2"
echo "third_parameter=$3"
echo "count_num=$#"
echo "all_parameter*=$*"
echo "all_parameter@=$@"
```

修改执行权限后运行脚本执行如下。

```
$ ./sh.sh yue qian three
first_parameter= yue
second_parameter=qian
third_parameter=three
count_num=3
all_parameter*=yue qian three
all_parameter@=yue qian three
```

（2）"$*" 和 "$@" 均可表示所有命令行参数，但它们之间却存在着很大的不同，这种不同允许用两种方法来处理命令行参数。第一种 "$*"，因为它是一个单个字符，所以可以不需要很多 Shell 代码来显示它，相比之下更加灵活。第二种 "$@"，它允许独立处理每个参数，因为它的值是 N 个分离参数。

示例如下。

```
$ vi bash.sh
#!/bin/bash
function cntparm
{
        echo -e "inside cntparm: $# parms: $@\n"
}
echo -e "outside cntparm: $*\n"
echo -e "outside cntparm: $@\n"
cntparm "$*"
cntparm "$@"
```

修改权限后运行脚本执行如下。

```
$ ./bash.sh yue qian three
outside cntparm: yue qian three

outside cntparm: yue qian three

inside cntparm: 1 parms: yue qian three

inside cntparm: 3 parms: yue qian three
```

（3）在执行 Shell 程序时，命令行参数变量并不是固定不变的，利用 set 命令可以为其赋值或重新赋值，其格式如下。

```
set paramet1 paramet2 paramet3
```

综上所述，函数第一次使用"$*"把位置参数作为单个字符串，cntparm 打印一个参数，第二次调用 cntparm 把脚本的命令行参数当作三个字符串，cntparm 报告了三个参数。在打印时，参数的外观没有任何区别。

3. 环境变量

Linux 是一个多用户的操作系统。每个用户登录系统后，都会有一个专用的运行环境。通常每个用户默认的环境都是相同的，这个默认环境实际上就是一组环境变量的定义。用户可以对自己的运行环境进行定制，其方法就是修改相应的系统环境变量。

1）常用环境变量

当一个 Shell 开始执行时，部分变量根据环境设置中的值进行初始化。其中 Shell 脚本程序是根据初始化的环境变量解析运行的。

在 bash、sh 及 ksh 中，可利用 env 或 export 命令查看系统中环境变量。

```
$ env
XDG_VTNR=7
XDG_SESSION_ID=c8
XDG_GREETER_DATA_DIR=/var/lib/lightdm-data/kitty
SELINUX_INIT=YES
CLUTTER_IM_MODULE=xim
SESSION=ubuntu
GPG_AGENT_INFO=/run/user/1000/keyring-VberSL/gpg:0:1
VTE_VERSION=3409
XDG_MENU_PREFIX=gnome-
SHELL=/bin/bash
TERM=xterm
WINDOWID=27262987
GNOME_KEYRING_CONTROL=/run/user/1000/keyring-VberSL
UPSTART_SESSION=unix:abstract=/com/ubuntu/upstart-session/1000/2428
GTK_MODULES=overlay-scrollbar:unity-gtk-module
```

```
USER=kitty
……
```

2）环境文件（右击打开终端是要重新读取一次环境文件）

上述使用 env 命令查看的均为环境变量及其内容，这些变量都是通过系统中一系列脚本来配置完成的。从系统运行到用户注册进入系统，Shell 会读取一系列称为脚本的环境文件，并执行其中的命令。常见的环境文件包括系统级、用户级。

（1）系统级。

/etc/profile：该文件是用户登录时，操作系统配置用户环境时使用的第一个文件，应用于登录到系统的每个用户。该文件一般是调用/etc/bash.bashrc 文件。

/etc/bash.bashrc：系统级的 bashrc 文件。

/etc/environment：在登录时，操作系统使用的第二个文件，系统在读取用户级的~/.profile 前，设置环境文件的环境变量。

（2）用户级。

~/.profile：每个用户都可使用该文件输入专用于自己使用的 Shell 信息，当用户登录时，该文件仅执行一次！默认情况下，它设置一些环境变量，执行用户的.bashrc 文件。这里推荐放置个人设置。

~/.bashrc：该文件包含专用于用户的 bash shell 的 bash 信息，当登录及每次打开新的 Shell 时，该文件被读取。

下面对主要环境变量的使用举例说明。

PATH：搜索路径环境变量。

定义：Shell 从中查找命令的目录列表。它是一个非常重要的 Shell 变量。PATH 变量包含带冒号分界符的字符串，这些字符串指向用户所使用命令的路径。

查看 PATH 变量内容：

```
$ echo $PATH
/usr/local/arm/4.7.4/bin:/usr/local/arm/4.7.4/bin:/usr/local/sbin:/u
sr/local/bin:/usr/sbin:/usr/bin:/sbin:/bin:/usr/games:/usr/local/games
```

3）修改 PATH 变量

因为 PATH 是命令搜索路径的环境变量，所以修改变量时不能删除原变量值，只能采用添加的方式修改环境变量，如主目录下的 kitty 目录，存放编写的可执行命令加到 PATH 变量中，可输入如下命令行。

```
$ echo $PATH
/usr/local/arm/4.7.4/bin:/usr/local/arm/4.7.4/bin:/usr/local/sbin:/u
sr/local/bin:/usr/sbin:/usr/bin:/sbin:/bin:/usr/games:/usr/local/games

$ PATH=$HOME
$ echo $PATH
/home/kitty
```

```
$ ls
命令 'ls' 可在 '/bin/ls' 处找到
由于/bin 不在 PATH 环境变量中，故无法找到该命令。
ls：未找到
```

命令修改后，除 bash shell 内置命令外，其他外部命令再也无法使用，主要是外部命令的搜索路径被新的变量替代，新打开一个终端，修改如下：

```
$ echo $PATH
/usr/local/arm/4.7.4/bin:/usr/local/arm/4.7.4/bin:/usr/local/sbin:/u
sr/local/bin:/usr/sbin:/usr/bin:/sbin:/bin:/usr/games:/usr/local/games
$ PATH=$PATH:$HOME
$ echo $PATH
/usr/local/arm/4.7.4/bin:/usr/local/arm/4.7.4/bin:/usr/local/sbin:/u
sr/local/bin:/usr/sbin:/usr/bin:/sbin:/bin:/usr/games:/usr/local/games:/home
/kitty
$ ls
achievements_file  applicate.sh  students_file  test
```

至此，只是当前终端设置新的"$PATH"变量，如果打开新的终端，运行"echo $PATH"，还是显示没修改前的"$PATH"的值。因为先前重新定义的是一个局部的环境变量，只能作用于当前终端。

要将其定义为一个全局变量，使打开所有的终端生效，可以采用 export 定义并将其写入配置文件中实现。

4.4.3　Shell 常用命令

当用户登录到 Linux 系统时，便开始与 bash 进行互动，一直到用户注销为止。如果是普通用户，则 bash 的默认提示符为"$"（代表一般身份使用者），如果是超级用户（root），提示符则变为"#"。用户与系统互动的过程便是通过在提示符后面输入操作命令来完成的。按照操作命令的来源，可以分为以下两大类。

1．bash 内置命令

为方便 Shell 的操作，加快用户与系统互动的效率，bash 中"内置"了部分常用操作命令，如 cd、umask 等。

2．外部应用命令

为加强 Shell 的处理能力，除本身内置命令外，还增加了对外部应用命令的支持，如 ls、ps 等。

区分 Shell 命令来自于 bash 内置命令还是外部应用命令，可通过 type 命令查看。下面进行详细介绍。

1）type

命令格式：

type　参数　命令

功能：判断一个命令是内置命令还是外部命令。

type 命令选项参数分析见表 4-30。

表 4-30　type 命令选项

参　　数	作　　用
没有	显示出命令是外部命令还是 bash 内置命令
-t	File：表示为外部命令 Alias：表示该命令为命令别名所设置的名称 Builtin：表示该命令为 bash 内置的命令功能
-p	显示完整文件名（外部命令）或显示内置命令
-a	在 PATH 变量定义的路径中，列出所有含有 name 的命令，包含 alias

示例如下。

查询 ls 命令

```
$ type ls
ls is aliased to 'ls --color=tty'
```

无任何参数，仅列出 ls 命令主要使用情况。

```
$ type -t ls
Alias
```

-t 参数仅列出 ls 命令主要使用情况。

```
$ type -a ls
ls is aliased to 'ls --color=tty'
ls is /bin/ls
```

-a 列出 ls 所有相关信息。

2）export

命令格式 1：

export　variable

功能：Shell 可以用 export 把变量向下带入到子 Shell，让子进程继承父进程中的环境变量，但不能向上带入父进程。

命令格式 2：

export

功能：显示出当前所有环境变量及其内容。

示例如下。

```
# export
declare -x CLUTTER_IM_MODULE="xim"
declare -x COLORTERM="gnome-terminal"
declare -x COMPIZ_BIN_PATH="/usr/bin/"
declare -x COMPIZ_CONFIG_PROFILE="ubuntu"
declare -x DBUS_SESSION_BUS_ADDRESS="unix:abstract=/tmp/dbus-CfCda5RhZ4"
declare -x DEFAULTS_PATH="/usr/share/gconf/ubuntu.default.path"
declare -x DESKTOP_SESSION="ubuntu"
declare -x DISPLAY=":0"
declare -x GDMSESSION="ubuntu"
declare -x GDM_LANG="zh_CN"
......
```

3）read

命令格式：

read   variable

功能：从标准输入设备读入一行，分解成若干行，赋值给 Shell 程序定义变量。

示例如下。

```
$ vi sh.sh
#!/bin/bash
echo -e "Please enter: \c"
read x
echo "you enter: $x"
$ ./sh.sh
Please enter: hello
you enter: hello
```

4）env

命令格式：

env

功能：显示环境变量及其内容。

示例如下。

```
$env

XDG_VTNR=7
XDG_SESSION_ID=c8
CLUTTER_IM_MODULE=xim
SELINUX_INIT=YES
XDG_GREETER_DATA_DIR=/var/lib/lightdm-data/geclab
SESSION=ubuntu
GPG_AGENT_INFO=/run/user/1000/keyring-VberSL/gpg:0:1
```

```
TERM=xterm
SHELL=/bin/bash
XDG_MENU_PREFIX=gnome-
VTE_VERSION=3409
WINDOWID=27262987
......
```

5）set

命令格式：

set

功能：显示所有变量及其内容。

示例如下。

```
$ set

BASH=/bin/bash
BASHOPTS=checkwinsize:cmdhist:complete_fullquote:expand_aliases:extg
lob:extquote:force_fignore:histappend:interactive_comments:progcomp:promptva
rs:sourcepath
BASH_ALIASES=()
BASH_ARGC=()
BASH_ARGV=()
BASH_CMDS=()
BASH_COMPLETION_COMPAT_DIR=/etc/bash_completion.d
BASH_LINENO=()
BASH_REMATCH=()
BASH_SOURCE=()
BASH_VERSINFO=([0]="4"  [1]="3"  [2]="11"  [3]="1"  [4]="release"
[5]="x86_64-pc-linux-gnu")
BASH_VERSION='4.3.11(1)-release'
......
```

6）grep

命令格式：

grep　参数　string　目标文件

功能：在指定文件中查找特定的字符串，并将字符串所在行输出到终端或平台。

grep 命令选项参数分析见表 4-31。

表 4-31　grep 命令选项

参　　数	功　　能
-v	显示不包含匹配文本的所有行
-c	只输出匹配行的计数
-n	显示匹配行及行号

示例如下。

编辑查找文件。

```
$ vi test_file
CD0001 ,jakey ,hello world
CD0002 ,peter ,good morning
CD0003 ,kety ,how are you
CD0004 ,tony ,see you later
```

编辑实验脚本。

```
$ vi sh.sh

#!/bin/bash
grep -v  "^CD0002" test_file
```

运行脚本。

```
$ ./sh.sh
CD0001 ,jakey ,hello world
CD0003 ,kety ,how are you
CD0004 ,tony ,see you later
```

4.4.4 Shell 函数

上述实验举例编写的 Shell 程序都简单短小，但在实际应用中，大部分编写的脚本程序是比较复杂的，为了能够更好地编写 Shell 脚本函数，往往将复杂的脚本拆分成小型脚本进行编写，但也存在一些缺点。

（1）在一个脚本程序中运行另外一个脚本程序要比执行一个函数慢得多。

（2）返回执行结果变得更加困难，而且可能存在非常多的小脚本。

基于上述原因及拆分思想，可以定义并使用 Shell 函数，其语法格式为：

```
[function]函数名( )
{
    命令表（Statements）
}
```

语法结构分析。

其中，关键字 function 可以是默认的。

通常，函数中的最后一个命令执行之后，就退出被调函数，也可利用 return 命令立即退出函数，其语法格式是：return [n]，其中，n 值是退出函数时的返回值（退出状态），即$?的值，当 n 值为默认值时，则退出值是最后一个命令执行后退出的值。

函数应先定义，后使用。调用函数时，直接利用函数名，如 foo，不必带圆括号，如同一般命令使用，其最大作用可以简化代码，在较复杂的 Shell 脚本设计中会更加明显。

示例如下。

利用 Shell 函数编写简单的显示例程。

```
$ vi sh.sh

#!/bin/bash
first()
{
        echo "********************************"
}
second()
{
        echo "======================="
}
third()
{
        echo "*                       *"
}
four()
{
        echo "* hello,welcome to linux world *"
}
five()
{
        echo "*  (http://www.gec-edu.org)  *"
}
second
first
third
third
four
five
third
third
first
second
```

运行这个脚本程序会显示如下的输出信息。

```
$ ./sh.sh
=======================
********************************
*                       *
```

```
*                        *
* hello,welcome to linux world  *
*   (http://www.gec-edu.org)    *
*                        *
*                        *
*****************************
===========================
```

Shell 脚本与函数间的参数传递可利用命令行参数和变量直接传递。当一个函数被调用时，变量的值可以直接由 Shell 脚本传递给被调用的函数，而脚本程序中所用的位置参数$*、$@、$#、$1、$2 等则会被替换为函数的参数。当函数执行完毕后，这些参数会恢复之前的值。

变量作为参数被 Shell 函数调用。

```
$ vi sh_01.sh
#!/bin/bash
input_data()
{
        echo -e "Enter your data:\c"
        read tmp
        data=${tmp%%,*}
}
insert_title()
{
        echo $* >> title_file
        return
}
input_data
insert_title $data
```

运行脚本程序显示输出信息。

```
$ ls
sh_01.sh
$ ./sh_01.sh
Enter your data:gcu
$ ls
sh_01.sh  title_file
$ cat title_file
gcu
```

脚本的命令行参数作为参数被 Shell 函数调用。

```
$ vi sh_02.sh
#!/bin/bash
```

```
get_sure ()
{
        echo "Is your data: $*"
        echo -n "Enter yes or no:"
        while true
        do
            read x
            case "$x" in
                y | yes ) return 0;;
                n | no ) return 1;;
                *)      echo "answer yes or no" ;;
            esac
        done
}
echo "shell parameters you input are:$*"
if get_sure "$*"
then
        echo "the data you enter is:$*"
else
        echo "you enter nothing"
fi
exit 0
```

运行脚本程序显示输出信息。

```
$ ./sh_02.sh gcu
shell parameters you input are:gcu
Is your data: gcu
Enter yes or no:y
the data you enter is: gcu

$ ./sh_02.sh gcu
shell parameters you input are: gcu
Is your data: gcu
Enter yes or no:n
you enter nothing
```

## 第 5 章

嵌入式 Linux 应用编程

5.1　第一个 Linux 应用程序输出 "hello world!"

通过编写输出 "hello world!" 案例程序，展示 C 程序的基本要素：语法格式、应用头文件、调用库函数。下面用一个例子来介绍程序的编辑、编译和执行的相关知识。

设计一个 C 程序，要求在屏幕上输出 "hello world!"。

第一步：使用 Vi 编译器编辑源代码文件 hello_world.c。

```
#vi hello_world.c
```

出现如图 5-1 所示的界面。

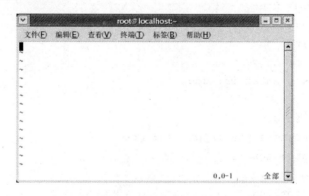

图 5-1　使用 Vi 编辑 hello_world.c 文件

编写源代码，按 Esc 键→按 i 键→输入文字内容，输入程序代码如下。

```
#include <stdio.h>
int main()
{
printf("hello world!\n");
```

```
      return 0;
  }
```

保存退出：在当前状态下按 Esc 键，输入 ":wq"，按回车键，保存文件且退出 Vi。

第二步：使用 GCC 编译程序。

编写好源文件 hello_world.c 文件后，需要把它编译成可执行文件才可以在 Linux 下运行。在控制台模式当前目录下，输入以下命令完成编译。

```
#gcc hello_world.c -o hello_world
```

第三步：执行程序。

第一个程序已经编译好了，执行程序格式如下。

```
#./hello_world
hello world!
```

5.2　文件 I/O 操作

5.2.1　Linux 文件结构

1. 文件

Linux 环境中的文件具有特别重要的意义，因为它们为操作系统服务，并为设备提供了一个简单而统一的接口。在 Linux 中，一切都是文件。

设备对操作系统而言也可以看作文件。通常，程序完全可以像使用文件那样使用磁盘文件、串口、打印机和其他设备。还有一些抽象的对象也可以看作文件，如后面将讲到的网络连接 socket（套接字）。大多数情况下文件操作只需要使用 5 个基本函数：open()、close()、read()、write() 和 lseek()。

目录也是一种文件，但它是一种特殊类型的文件。在 Linux 系统中，即使是超级用户可能也不再被允许直接对目录进行操作。正常情况下，所有用户都必须用上层的 opendir/readdir 接口来读取目录。

2. 文件描述符

Linux 中对目录和设备的操作都等同于文件的操作，因此，大大简化了系统对不同设备的处理，提高了效率。内核如何区分和引用特定的文件呢？这里用到的就是一个重要的概念——文件描述符。对于 Linux 而言，所有对设备和文件的操作都使用文件描述符来进行。文件描述符是一个非负的整数，它是一个索引值，指向内核中每个进程打开文件的记录表。当打开一个现存文件或创建一个新文件时，内核就向进程返回一个文件描述符；当需要读写文件时，需要把文件描述符作为参数传递给相应的函数。

通常，一个进程启动时都会打开 3 个文件：标准输入、标准输出和标准出错处理。这 3 个文件分别对应文件描述符为 0、1 和 2（也就是宏替换 STDIN_FILENO、STDOUT_FILENO 和 STDERR_FILENO，本书鼓励读者使用这些宏替换）。

5.2.2 系统调用与库函数

1. 系统调用

用少量的函数就可以对文件和设备进行访问和控制，这些函数称为系统调用，它们由 Linux 系统直接提供，是通向操作系统本身的接口。

Linux 系统调用部分是非常精简的系统调用（只有 250 个左右），它继承了 UNIX 系统调用中最基本和最有用的部分。这些系统调用按照功能逻辑大致可分为进程控制、进程间通信、文件系统控制、系统控制、存储管理、网络管理、socket 控制、用户管理等几类。

所谓系统调用是指操作系统提供给用户程序调用的一组"特殊"接口，用户程序可以通过这组"特殊"接口获得操作系统内核提供的服务。为什么用户程序不能直接访问系统内核提供的服务呢？这是由于在 Linux 中，为了更好地保护内核空间，将程序的运行空间分为内核空间和用户空间（也就是常说的内核态和用户态），它们分别运行在不同的级别上，在逻辑上是相互隔离的。因此，用户进程在通常情况下不允许访问内核数据，也无法使用内核函数，它们只能在用户空间操作用户数据，调用用户空间的函数。

2. 库函数

在输入/输出操作中，直接使用底层系统调用使它们的效率非常低，主要问题如下。

（1）系统调用会影响系统的性能。与函数调用相比，系统调用的开销要大一些，因为在执行系统调用时，Linux 必须从用户代码切换到内核代码运行，然后再返回到用户代码。减少这种开销的方法是，在程序中尽量减少系统调用次数，并让每次系统调用完成尽可能多的工作。

（2）硬件会对底层系统调用一次所能读写的数据块做出一定的限制。

为了给设备和磁盘文件提供更高层的接口，与 UNIX 一样，Linux 发行版提供了一系列的标准函数库。它们是由一些函数构成的集合，可以把它们包含在自己的程序中去处理那些与设备和文件有关的问题。

Linux 系统中各种文件函数与用户、设备驱动程序、内核和硬件设备之间的关系如图 5-2 所示。

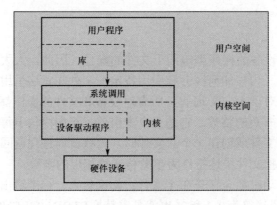

图 5-2　关系图

5.2.3　文件 I/O 基本操作

Linux 系统中文件操作主要有不带缓存的 I/O 操作和带缓存的 I/O 操作。

1．不带缓存的 I/O 操作

不带缓存的 I/O 操作又称底层 I/O 操作。文件底层 I/O 操作的系统调用主要用到 5 个函数：open()、close()、read()、write()、lseek()。这些函数的特点是不带缓存，直接对文件进行操作。

虽然不带缓存的文件 I/O 操作程序不能移植到非 POSIX 标准的系统（如 Windows 系统）中，但在嵌入式程序设计、TCP/IP 的 socekt 套接字程序设计、多路 I/O 操作程序设计等方面应用广泛。因此，不带缓存的文件 I/O 程序设计是 Linux 文件操作程序设计的重点。

具体函数说明见表 5-1 至表 5-6。

表 5-1　不带缓存的文件 I/O 操作主要用到的函数

函　　数	作　　用
open()	打开或创建文件（在打开或创建文件时可以指定文件的属性及用户的权限等各种参数）
close()	关闭文件
read()	从指定文件中读取数据
write()	将数据写入指定文件
lseek()	调整文件位置偏移量

表 5-2　open()函数语法

所需头文件	#include <sys/types.h>	
	#include <sys/stat.h>	
	#include <fcntl.h>	
函数原型	int open(const char * pathname，int flags);	
	int open(const char * pathname，int flags，int perms);	
函数传入值	pathname	被打开的文件名（可包括路径名）
	flags（文件打开方式）	O_RDONLY：只读方式打开文件
		O_WRONLY：只写方式打开文件
		O_RDWR：读写方式打开文件
		O_CREAT：如果该文件不存在，就创建一个新的文件，并用第三个参数为其设置权限
		O_EXCL：如果使用 O_CREAT 时文件存在，则可返回错误消息，这个参数可测试文件是否存在
		O_NOCTTY：使用本参数时，如果文件为终端，那么终端不可以作为调用 open() 系统调用的那个进程的控制终端
		O_TRUNC：如果文件已经存在，并以只读或只写成功打开，那么会首先全部删除文件中原有数据
		O_APPEND：以添加方式打开文件，在打开文件的同时，文件指针指向文件的末尾
	perms	被打开文件的存取权限，为八进制表示法
函数返回值	成功：返回文件描述符	
	出错：−1	

表 5-3　close()函数语法

所需头文件	#include <unisstd.h>	
函数原型	int close(int fd);	
函数传入值	fd	文件描述符
函数返回值	0：成功 −1：出错	

表 5-4　read()函数语法

所需头文件	#include <unisstd.h>	
函数原型	ssize_t read(int fd, void *buf, size_t count);	
函数传入值	fd	文件描述符
	buf	存储内容的内存空间
	count	读取的字节数
函数返回值	0：成功 −1：出错	

表 5-5　write()函数语法

所需头文件	#include <unisstd.h>	
函数原型	ssize_t write(int fd, void *buf, size_t count);	
函数传入值	fd	文件描述符
	buf	存储内容的内存空间
	count	读取的字节数
函数返回值	0：成功 −1：出错	

表 5-6　lseek()函数语法

所需头文件	#include <unisstd.h> #include <sys/types.h>	
函数原型	ssize_t lseek(int fd, off_t offset, int whence);	
函数传入值	fd	文件描述符
	offset	偏移量（可为负值）
	whence （基点）	SEEK_SET：文件开头+offset 为新读写位置
		SEEK_CUR：目前读写位置+offset 为新读写位置
		SEEK_END：文件结尾+offset 为新读写位置
函数返回值	0：成功 −1：出错	

下面举例说明。

程序功能：设计一个程序，要求从一个源文件 src_file（若不存在则创建）中读取倒数第二个 10KB 数据并复制到目标文件 dest_file 中。

新建一个 copy_file.c 文件，程序代码如下。

```c
/* copy_file.c */
#include <unistd.h>
#include <sys/types.h>
#include <sys/stat.h>
#include <fcntl.h>
#include <stdlib.h>
#include <stdio.h>
#define BUFFER_SIZE 1024            /* 每次读写缓存大小，影响运行效率*/
#define SRC_FILE_NAME   "src_file"  /* 源文件名 */
#define DEST_FILE_NAME  "dest_file" /* 目标文件名文件名 */
#define OFFSET       20480          /* 复制的数据大小 */
int main()
{
        int src_file, dest_file;
        unsigned char buff[BUFFER_SIZE];
        int real_read_len;
        int flag;
    /* 以只读方式打开源文件 */
    src_file = open(SRC_FILE_NAME, O_RDONLY);
    /* 以只写方式打开目标文件，若此文件不存在则创建，访问权限值为 544 */
    dest_file = open(DEST_FILE_NAME,
    O_WRONLY|O_CREAT, S_IRUSR|S_IWUSR|S_IRGRP|S_IROTH);
    if (src_file < 0 || dest_file < 0)
    {
        printf("Open file error\n");
        exit(1);
    }
    /* 将源文件的读写指针移到最后 20KB 的起始位置*/
    lseek(src_file, -OFFSET, SEEK_END);
    /* 读取源文件的最后 20KB 数据并写到目标文件中，每次读写 1KB，读取 10 次 */
    while  ((real_read_len  =  read(src_file,  buff,sizeof(buff)))  >
0||flag<0)
    {
        flag--;
        write(dest_file, buff, real_read_len);
     }
    close(dest_file);
    close(src_file);
    return 0;
}
```

编译和运行结果如下。

```
#gcc copy_file.c -o copy_file
#./copy_file src_file
#ls -lh dest_file
```

备注：没有 src_file 源文件时，可以新建一个文件。

例如：

```
# vim src_file.c    （其内容可以随便写）
```

然后操作如下。

```
# ./copy_file src_file.c
#ls -lh dest_file
```

2．带缓存的 I/O 操作

带缓存的文件 I/O 操作是在内存中开辟一个"缓冲区"，为程序中的每个文件使用。当执行读文件的操作时，从磁盘文件中将数据首先读入内存"缓冲区"，装满后再从内存"缓冲区"依次读入接收的数据。反之亦然。

带缓存的文件 I/O 操作主要用到的函数见表 5-7 至表 5-13。

表 5-7　带缓存的文件 I/O 操作主要用到的函数

函　　数	作　　用
fopen()	打开或创建文件
fclose()	关闭文件
fread()	由文件中读取一个字符
fwrite()	将数据成块写入文件流
fseek()	移动文件流的读写位置

表 5-8　fopen()函数语法

所需头文件	#include <stdio.h>	
函数原型	FILE * fopen(const char * path, const char * mode)	
函数传入值	path	包含欲打开的文件路径及文件名
	mode	文件打开状态
函数返回值	成功：指向 FILE 的指针 出错：返回 NULL	

表 5-9　mode 取值说明

函　　数	作　　用
r	打开只读文件，该文件必须存在
r+	打开可读写文件，该文件必须存在
w	打开只写文件，若文件存在则文件长度清为 0，即擦除文件原内容；若文件不存在则建立该文件
w+	打开可读写文件，若文件存在则文件长度清为 0，即擦除文件原内容；若文件不存在则建立该文件
A	以附加的方式打开只写文件。若文件不存在，则会建立该文件；若文件存在，则写入的数据会被加到文件结尾，即文件原先的内容会被保留

（续表）

函　　数	作　　用
a+	以附加方式打开可读写的文件。若文件不存在，则会建立该文件；若文件存在，则写入的数据会被加到文件结尾，即文件原先的内容会被保留
上述形态字符串都可以再加上一个 b 字符，如 rb、w+b、ab+等组合，加入 b 字符用来告诉函数库打开的文件为二进制文件，而非纯文字文件	

表 5-10　fclose()函数语法

所需头文件	#include <stdio.h>
函数原型	int fclose（FILE * stream）
函数传入值	文件地址
函数返回值	成功：返回 0 出错：返回 EOF

表 5-11　fread()函数语法

所需头文件	#include <stdio.h>	
函数原型	size_t fread(void * ptr, size_t size, size_t nmemb, FILE * stream)	
函数传入值	ptr：欲写入的数据地址	
	size：字符串长度	
	nmemb：字符串数目	
	Stream：一个文件流	
函数返回值	成功：返回实际读取的 nmemb 出错：返回 EOF	

表 5-12　fwrite()函数语法

所需头文件	#include <stdio.h>
函数原型	size_t fwrite(const void * ptr, size_t size, size_t nmemb, FILE * stream)
函数传入值	ptr：欲写入的数据地址
	size：字符串长度
	Nmemb：字符串数目
	Stream：一个文件流
函数返回值	成功：返回实际写入的 nmemb 出错：返回 EOF

表 5-13　fseek()函数语法

所需头文件	#include <stdio.h>	
函数原型	int fseek(FILE * stream, long offset, int whence)	
函数传入值	*stream	文件地址
	offset	偏移量（可为负值）
	whence （基点）	SEEK_SET：文件开头+offset 为新读写位置
		SEEK_CUR：目前读写位置+offset 为新读写位置
		SEEK_END：文件结尾+offset 为新读写位置
函数返回值	0：成功 −1：出错	

下面举例说明。

程序功能：设计一个程序，要求从一个源文件 src_file（若不存在则创建）中读取倒数第二个 10KB 数据并复制到目标文件 dest_file。

新建一个 standard_io.c 文件，其程序代码如下。

```
/* standard_io.c */
#include <stdlib.h>
#include <stdio.h>
#define BUFFER_SIZE 1024              /* 每次读写缓存大小 */
#define SRC_FILE_NAME  "src_file"  /* 源文件名 */
#define DEST_FILE_NAME "dest_file" /* 目标文件名文件名 */
#define OFFSET      20480            /* 复制的数据大小 */
int main()
{
    FILE *src_file, *dest_file;
    unsigned char buff[BUFFER_SIZE];
    int real_read_len;
    int flag;
    /* 以只读方式打开源文件 */
    src_file = fopen(SRC_FILE_NAME, "r");
    /* 以只写方式打开目标文件，若此文件不存在则创建 */
    dest_file = fopen(DEST_FILE_NAME, "w");

    if (!src_file || !dest_file)
    {
        printf("Open file error\n");
        exit(1);
    }
    /* 将源文件的读写指针移到最后 20KB 的起始位置*/
    fseek(src_file, -OFFSET, SEEK_END);
    /* 读取源文件的最后 20KB 数据并写到目标文件中，每次读写 1KB,读取 10 次 */
    while ((real_read_len = fread(buff, 1, sizeof(buff), src_file)) >
0||flag<0)
    {
        flag--;
        fwrite(buff, 1, real_read_len, dest_file);
    }
    fclose(dest_file);
    fclose(src_file);
    return 0;
}
```

编译和运行结果如下。

```
#gcc standard_io.c -o standard_io
#./standard_io
```

备注：如果没有 src_file 文件，则需要新建文件。

5.3　进程

5.3.1　Linux 进程概述

进程是一个程序的一次执行过程。在 Linux 环境下，每个正在运行的程序都称为进程，它相当于 Windows 系统中的任务。每个进程都包含进程标识符及数据，这些数据包含进程变量、外部变量及进程堆栈等。

1．进程与程序

程序是一个普通文件，是机器代码指令和数据的集合，这些指令和数据存储在磁盘上的一个可执行映像中。

进程代表程序的执行过程，是一个动态的实体，随着程序中指令的执行而不断变化。在某个时刻的进程内容称为进程映像。

进程是程序执行的过程，包括动态创建、调度和消亡的整个过程。进程是程序执行和资源管理的最小单位。对系统而言，当用户在各级系统中输入命令、执行一个程序时，它将启动一个进程，因此，一个程序可以对应多个进程。

例如，多个用户可以同时运行一个文本编辑程序 vi，程序只有一个，但每个用户运行的 vi 程序都是一个独立的进程。

2．Linux 环境下的进程管理

Linux 环境下的进程管理包括启动进程和调度进程。

启动进程加载有两种途径：手工加载和调度加载。

1）手工加载

手工加载又分为前台加载和后台加载。

前台加载是手工加载一个进程最常用的方式。一般来讲，当用户输入一个命令，如"ls -l"时就已经产生了一个进程，并且是一个前台进程。

后台加载往往是在该进程非常耗时，且用户也不急着需要结果时启动。通常，用户在终端输入一个命令时同时在命令结尾加一个"&"符号。

2）调度加载

在系统中有时要进行比较费时且占用资源的维护工作，这些工作适合在深夜无人值守时运行，这时用户就可以事先进行调度安排，指定任务运行的时间或场合，到时系统就会自动完成一切任务。

调度进程包括对进程的中断操作、改变优先级、查看进程状态等，常见的调度进程的系统命令见表 5-14。

表 5-14 常见的调度进程的系统命令

选　　项	参 数 含 义
ps	查看系统中的进程
top	动态显示系统中的进程
nice	按用户指定的优先级运行
renice	改变正在运行进程的优先级
kill	终止进程（包括后台进程）
crontab	用于安装、删除或列出用于驱动 cron 后台进程的任务
bg	将挂起的进程放到后台执行

3. 进程结构

在 Linux 系统中，每个进程都拥有自己的虚拟地址空间，都运行在独立的虚拟地址空间上。这也就是说，进程间是分离的任务，拥有各自的权利和责任。在 Linux 系统中运行着多个进程，其中一个进程发生异常，不会影响系统中的其他进程。

Linux 中的进程包括 3 个"段"，分别为"数据段""代码段"和"堆栈段"。

数据段：存放的数据为全局变量、常数及动态数据分配的数据空间（如 malloc 函数取得的空间）等。

代码段：存放的是程序代码数据。

堆栈段：存入的是子程序返回地址、子程序的参数及程序的局部变量。

补充知识

一个由 C/C++编译的程序占用的内存分为以下几部分。

（1）栈区（stack）——由编译器自动分配释放、存放函数的参数值、局部变量的值等。其操作方式类似于数据结构中的栈。

（2）堆区（heap）——一般由程序员分配释放，若程序员不释放，程序结束时可能由 OS 回收。注意，它与数据结构中的堆是两回事，分配方式类似链表。

（3）全局区（静态区）（static）——全局变量和静态变量的存储是放在一起的，初始化的全局变量和静态变量在一块区域，未初始化的全局变量和未初始化的静态变量在相邻的另一块区域（程序结束后由系统释放）。

（4）文字常量区——常量字符串就是放在这里的（程序结束后由系统释放）。

（5）程序代码区——存放函数体的二进制代码。

下面的 main.cpp 案例解释了堆、栈和全局变量的区别。

```
//main.cpp
int a = 0; //全局初始化区
char *p1; //全局未初始化区
main()
{
    int b; //栈
    char s[] = "abc"; //栈
```

```
char *p2; //栈
char *p3 = "123456"; //123456\0 在常量区, p3 在栈上
static int c =0; //全局 (静态) 初始化区
p1 = (char *)malloc(10);
p2 = (char *)malloc(20);
//分配得来的 10 和 20 字节的区域就在堆区
strcpy(p1, "123456"); /*123456\0 放在常量区, 编译器可能会将它与 p3 所指向
```
的"123456"优化成一个地方*/
```
}
```

4．进程属性

进程的基本属性就是进程号 (Process ID, PID) 和它的父进程号 (Parent Process ID, PPID)。PID 和 PPID 都是非零正整数。从进程 ID 的名字就可以看出, 它就是进程的身份证号码, 每个人的身份证号码都不会相同, 每个进程的进程 ID 也不会相同。系统调用函数 getpid()就是获得进程标识符。

一个 PID 唯一地标识一个进程。一个进程创建一个新进程称为创建了子进程, 创建子进程的进程称为父进程。

在 Linux 中获得当前进程的 PID 和 PPID 的系统调用函数为 getpid()和 getppid()。通常, 在程序获得进程的 PID 和 PPID 后, 可以将其写入日志文件以备份。运用 getpid 和 getppid 获得进程 PID 和 PPID 的例子如下。

```
/*pidandppid.c*/
#include <stdio.h>
#include <unistd.h>
#include <stdlib.h>
int main()
{
    printf("PID = %d\n", getpid());
    printf("PPID = %d\n", getppid());
    exit(0);
}
```

通过编译后, 运行程序得到以下结果 (该值在不同的系统上会有不同的值)。

```
#./pidandppid
PID=18985
PPID=14481
```

进程中还有真实用户 ID (UID) 和有效的用户 ID (EUID)。进程的 UID 就是其创建者的用户标识号, 或者说就是复制了父进程的 UID 值, 通常, 只允许创建者 (也称属主) 和超级用户对进程进行操作。EUID 是 "有效" 的用户 ID, 这是一个额外的 UID, 用来确定进程在任何给定的时刻对哪些资源和文件具有访问权限。它们的函数分别是 getuid 和 geteuid。

5. 进程状态

为了对进程从产生到消亡的这个动态变化过程进行捕获和描述，就需要定义进程各种状态并制订相应的状态转换策略，以此来控制进程的运行。

因为不同操作系统对进程的管理方式和对进程的状态解释可以不同，所以不同操作系统中描述进程状态的数量和命名也会有所不同，但最基本的进程状态有下面三种。

（1）运行态：进程占有 CPU，并在 CPU 上运行。

（2）就绪态：进程已经具备运行条件，但由于 CPU 忙而暂时不能运行。

（3）阻塞态（或等待态）：进程因等待某种事件的发生而暂时不能运行（即使 CPU 空闲，进程也不可运行）。

进程在生命期内处于且仅处于三种基本状态之一，进程状态转换关系如图 5-3 所示。

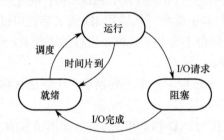

图 5-3　进程状态转换关系

这三种状态之间有四种可能的转换关系。

（1）运行态→阻塞态：进程发现它不能运行下去时发生这种转换。这是因为进程发生 I/O 请求或等待某件事情。

（2）运行态→就绪态：在系统认为运行进程占用 CPU 的时间已经过长，决定让其他进程占用 CPU 时发生这种转换。这是由调度程序引起的。调度程序是操作系统的一部分，进程甚至感觉不到它的存在。

（3）就绪态→运行态：运行进程已经用完分给它的 CPU 时间，调度程序从处于就绪态的进程中选择一个投入运行。

（4）阻塞态→就绪态：当一个进程等待的一个外部事件发生时（如输入数据到达），则发生这种转换。如果这时没有其他进程运行，则转换状态（3）立即被触发，该进程便开始运行。

5.3.2　Linux 进程控制

在 Linux 系统中，常用于进程控制的函数有 fork()函数、exec()函数族、exit()函数和 wait()函数等。

1. fork()函数

使用 fork()函数创建进程时，新的进程称为子进程，原来调用 fork()函数的进程则称为父进程。由于 fork()函数返回两个值，则这两个进程分别带回它们各自的返回值，其中父进程的返回值是子进程的进程号，而子进程则返回 0。因此，可以通过返回值来判定该进程是父进程还是子进程。

子进程会复制父进程的数据和堆栈空间，并继承父进程的地址空间，包括进程上下文、进程堆栈、打开的文件描述符、信号控制设定、进程优先级、进程组号、当前工作目录、根目录、资源限制、控制终端等，但子进程和父进程使用不同的内存空间。因此，很多时候使用 fork()函数创建进程称为"复制进程"。

fork()函数语法要点见表 5-15。

表 5-15　fork()函数语法要点

所需头文件	#include <sys/types.h>　　//提供类型 pid_t 的定义 #include <unistd.h>
函数原型	pid_t fork(void)
函数返回值	0：子进程
	子进程 ID（大于 0 的整数）：父进程
	-1：出错

fork()函数使用示例如下。

```c
/*fork.c*/
#include<sys/types.h>
#include<unistd.h>
#include<stdio.h>
#include<stdlib.h>
int main()
{
    pid_t result;
    result=fork();   /*调用 fork()函数，返回值存在变量 result 中*/
    if(result==-1)
    {
        perror("fork error");
            exit(0);
    }
    else if(result==0)
    {
        printf("current value is %d In child process,child PID =
%d\n",result,getpid());
    }
    else
    {
        printf("current  value  is  %d  In  father  process,father
PID=%d\n",result,getpid());
    }
```

```
        }
```

编译：

```
#gcc fork.c -o fork
```

运行的结果：

```
#./fork
current value is 0 In child process,child PID = 21273
current value is 21273 In father process,father PID=21272
```

从结果可以看出，子进程返回值等于 0，而父进程返回子进程的进程号（>0）。

2．exec()函数族

fork()函数用于创建一个子进程，该子进程几乎复制了父进程的全部内容。那么，在新进程中如何运行新的程序呢？exec()函数族提供了一个在进程中启动另一个程序执行的方法。

exec()函数族可以根据指定的文件名或目录找到可执行文件，并用它来取代原调用进程的数据段、代码段和堆栈段，在执行完成后，原调用进程的内容除进程号外，其他全部被新进程替换了。另外，这里的可执行文件既可以是二进制文件，也可以是 Linux 下任何可执行的脚本文件。

在 Linux 中并没有 exec()函数，而是有 6 个以 exec 开头的函数族，它们的语法有细微的差别，见表 5-16。

表 5-16　exec()函数族成员函数语法

所需头文件	#include <unistd.h>
函数原型	int execl(const char *path, const char *arg, ...)
	int execv(const char *path, char *const argv[])
	int execle(const char *path, const char *arg, ..., char *const envp[])
	int execve(const char *path, char *const argv[], char *const envp[])
	int execlp(const char *file, const char *arg, ...)
	int execvp(const char *file, char *const argv[])
函数返回值	−1：出错

再对这几个函数中函数名和对应语法进行一个总结，主要指出函数名中每位所表明的含义，见表 5-17，希望读者结合此表加以记忆。

表 5-17　exec()函数名对应含义

前 4 位统一	exec	
第 5 位	l：参数传递为逐个列举方式	execl、execle、execlp
	v：参数传递为构造指针数组方式	execv、execve、execvp
第 6 位	e：可传递新进程环境变量	execle、execve
	p：可执行文件查找方式为文件名	execlp、execvp

exec()函数族使用实例。

（1）用 execl()函数作实例，说明如何使用完整的文件目录来查找对应的可执行文件（注意，目录必须以"/"开头，否则将其视为文件名），同时使用参数列表的方式。

```
/*execl.c*/
#include<unistd.h>
#include<stdio.h>
#include<stdlib.h>
int main()
{
    pid_t result;
    result=fork();
    if(result==0)
    {
        if(execl("/bin/ls","ls","-l",NULL)<0)
        {
            perror("execl error");
        }
    }
}
```

编译：

```
#gcc execl.c -o execl
```

运行结果：

```
#./execl
总计 12
-rwxr-xr-x  1  root  root 4954 07-05 09:48 execl
-rw-r—r--  1  root  root 207  07-05 09:48 execl.c
```

（2）用 execv()函数作实例，参数传递为构造指针数组方式。

```
/*execv.c*/
#include<unistd.h>
#include<stdio.h>
#include<stdlib.h>
int main()
{
    pid_t result;
    char *arg[]={"ls","-l",NULL};
    result=fork();
    if(result==0)
    {
        if(execv("/bin/ls",arg)<0)
        {
```

```
                perror("execv error");
            }
        }
    }
```

运行结果为列出当前目录下的所有文件。

3．wait()函数和 waitpid()函数

wait()函数用于使父进程阻塞，直到一个子进程终止或该进程接到了一个指定的信号为止。如果该父进程没有子进程或其子进程已经终止，则 wait()就会立即返回。

waitpid()函数的作用和 wait()一样，但它并不一定要等待第一个终止的子进程，它还有若干项，如可提供一个非阻塞版本的 wait()功能。实际上，wait()函数只是 waitpid()函数的一个特例。

wait()函数和 waitpid()函数格式说明见表 5-18 和表 5-19。

表 5-18　wait()函数语法

所需头文件	#include <sys/types.h> #include <sys/wait.h>
函数原型	pid_t wait(int *status)
函数传入值	这里的 status 是一个整型指针，是该子进程退出时的状态； status 若为空，则代表任意状态结束的子进程； status 若不为空，则代表指定状态结束的子进程； 另外，子进程的结束状态可由 Linux 中一些特定的宏来测定
函数返回值	成功：已结束运行的子进程的进程号 失败：−1

表 5-19　waitpid()函数语法

所需头文件		#include <sys/types.h> #include <sys/wait.h>
函数原型		pid_t waitpid(pid_t pid, int *status, int options)
函数传入值	pid	pid>0：只等待进程 ID 等于 pid 的子进程，无论是否已经有其他子进程运行结束退出了，只要指定的子进程还没有结束，waitpid()就会一直等下去
		pid=1：等待任何一个子进程退出，此时和 wait()作用一样
		pid=0：等待其组 ID 等于调用进程的组 ID 的任意一个子进程
		pid<1：等待其组 ID 等于 pid 的绝对值的任意一个子进程
	status	同 wait()
	options	WNOHANG：若由 pid 指定的子进程不立即可用，则 waitpid()不阻塞，此时返回值为 0
		WUNTRACED：若实现某支持作业控制，则由 pid 指定的任意一个子进程状态已暂停，且其状态自暂停以来还未报告过，则返回其状态
		0：同 wait()，阻塞父进程，等待子进程退出
函数返回值		正常：子进程的进程号 使用选项 WNOHANG 且没有子进程退出：0 调用出错：−1

wait()函数只是 waitpid()函数的一个特例，下面介绍 waitpid()函数的使用。
waitpid()函数使用示例如下。

```c
/*waitpid.c*/
#include<sys/types.h>
#include<sys/wait.h>
#include<unistd.h>
#include<stdio.h>
#include<stdlib.h>
int main()
{
        pid_t result1,result2;
        result1=fork();//创建新进程
        if(result1<0)
        printf("fork fail\n");
        else if(result1==0)
        {
                printf("sleep 3s in child\n ");
                sleep(3);//子进程暂停 3 秒
                exit(0);
        }
        else
        {
                /*不断地测试子进程是否退出*/
                do
                {
                        result2=waitpid(result1,NULL,WNOHANG);
                        if(result2==0)//如果子进程没有退出就返回值为 0
                        {
                                printf("The child process has not exited\n");
                                sleep(1);
                        }
                }while(result2==0);
                if(result1==result2)
                printf("The child process has exited\n");
        }
}
```

程序运行结果如下。

```
#./waitpid
sleep 3s in child
The child process has not exited
The child process has not exited
```

```
The child process has not exited
The child process has exited
```

编译运行结果为：通过运行结果可知父进程没有捕获子进程的退出信号，就会不断循环，直到子进程退出为止，子进程不退出，则 waitpid()返回值为 0。

5.3.3　进程间通信

进程间通信就是在不同进程之间传播或交换信息，那么不同进程之间存在着什么双方都可以访问的介质呢？进程的用户空间是互相独立的，一般而言是不能互相访问的，唯一的例外是共享内存区。但是，系统空间却是"公共场所"，所以内核显然可以提供这样的条件。除此之外，那就是双方都可以访问的外设了。在这个意义上，两个进程当然也可以通过磁盘上的普通文件交换信息，或者通过"注册表"或其他数据库中的某些表项和记录交换信息。广义上讲这也是进程间通信的手段，但一般都不把其算作"进程间通信"。

进程间通信主要包括管道、共享内存、信号量等。

1．管道

管道是 Linux 应用最广泛的一种进程通信方式，它的作用是把一个程序的输出直接连接到另一个程序的输入。例如，在 Shell 中输入命令：ls | more，这条命令的作用是列出当前目录下的所有文件和子目录，如果内容超过一页则自动进行分页。符号"|"就是 Shell 为"ls"和"more"命令建立的一条管道，它将 ls 的输出直接送进了 more 的输入，如图 5-4 所示。

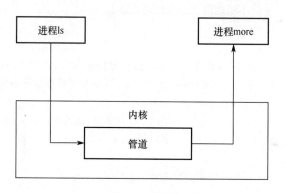

图 5-4　管道

1）无名管道

管道是 UNIX 系统 IPC 的最古老形式，所有的 UNIX 系统都支持这种通信机制。它有两个局限性：管道是半双工的，数据只能向一个方向流动，双方通信时需要建立两个管道；只能用于具有亲缘关系的进程之间通信，也就是父子进程或兄弟进程之间。

对进程而言，管道就是一个文件，但它不是一个普通的文件，只存在于内存中。一个进程向管道中写的内容被管道的另一端的进程读出。写入的内容每次都添加在管道缓冲区的末尾，并且每次都是从缓冲区的头部读出数据。

无名管道的创建函数为 pipe()函数，它的语法要点见表 5-20。

表 5-20　pipe()函数语法要点

所需头文件	#include <unistd.h>
函数原型	int pipe(int fd[2])
函数传入值	fd[2]：管道的两个文件描述符，之后即可直接操作这两个文件描述符
函数返回值	成功：0
	出错：−1

通过 pipe()函数创建管道成功则打开两个文件描述符，分别为 fd[0]和 fd[1]，其中，fd[0]
用于管道读端，fd[1]用于管道写端。管道关闭时只要将这两个文件描述符关闭即可，像关
闭普通的文件描述符那样通过 close()函数分别关闭各个文件描述符。

在两个进程间使用管道进行通信时，是首先在父进程使用 pipe()函数创建管道，然后
再通过 fork()函数创建子进程，这时子进程继承父进程所创建的管道。这时，父子进程管道
的文件描述符对应关系如图 5-5 所示。

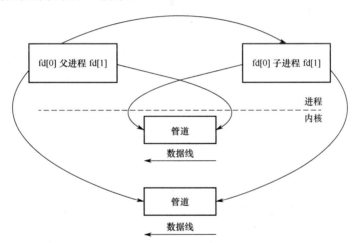

图 5-5　父子进程管道的文件描述符对应关系

无名管道创建使用示例如下。

创建管道实现两个进程间的通信，在运行程序时后面带参数，参数内容通过一个进程
写入管道，另一个进程读出，打印。

```
/*pipe_rw.c*/
#include <unistd.h>
#include <sys/types.h>
#include <errno.h>
#include <stdio.h>
#include <stdlib.h>
#include <string.h>
#include <sys/wait.h>
int main(int argc,char **argv)
```

```
    {
    int pipe_fd[2];
        pid_t pid;
        char buf_r[100];
        char* p_wbuf;
        int r_num, count;
        memset(buf_r,0,sizeof(buf_r));
        if(pipe(pipe_fd)<0)
        {
                        printf("pipe create error\n");
                    return -1;
        }
        if((pid=fork())==0)
        {
            close(pipe_fd[1]);
            sleep(2);
            if((r_num=read(pipe_fd[0],buf_r,100))>0)
    {
            printf("%d numbers read from the pipe is \" %s \"\n",
r_num,buf_r);
            }
            close(pipe_fd[0]);
            exit(0);
        }
        else if(pid>0)
        {
            close(pipe_fd[0]);
            if(write(pipe_fd[1],argv[1],strlen(argv[1]))!=-1)
                    printf("parent write success!\n");
            close(pipe_fd[1]);
            sleep(3);
            waitpid(pid,NULL,0);
            exit(0);
        }
    }
```

编译后，运行结果：

```
#./pipe_rw haha
parent write success!
4 numbers read from the pipe is " haha "
```

2）有名管道

有名管道又称 FIFO。上述所讲的无名管道，只能用于具有亲缘关系的进程间通信，在有名管道提出后，该限制得到了克服，它可以使互不相关的两个进程实现彼此的通信。FIFO 不同于无名管道，它提供了一个路径与其关联，以文件形式存在于文件系统中。在建立有名管道后，就可以把它当作普通文件来进行读写操作。值得注意的是，FIFO 严格遵循先进先出原则。管道不支持如 lseek() 等文件定位操作。

创建有名管道使用 mkfifo() 函数，该函数类似文件中的 open() 操作形式，可以指定管道的路径和打开模式。函数 mkfifo() 语法要点见表 5-21。

表 5-21　mkfifo() 函数语法要点

所需头文件	#include <sys/types.h> #include <sys/state.h>	
函数原型	int mkfifo(const char *filename, mode_t mode)	
函数传入值	filename：要创建的管道	
函数传入值	mode	O_RDONLY：读管道
		O_WRONLY：写管道
		O_RDWR：读写管道
		O_NONBLOCK：非阻塞
		O_CREAT：如果该文件不存在，那么就创建一个新的文件，并用第三个参数为其设置权限
		O_EXCL：如果使用 O_CREAT 时文件存在，那么可返回错误消息。这一参数可测试文件是否存在
函数返回值	成功：0	
	出错：−1	

通过 mkfifo 创建管道成功后，就可以使用 open()、read()、write() 这些函数了。在这里要注意一点，就是对普通文件进行读写时，不会出现阻塞问题，而读写管道就有阻塞的可能。这时，如果需要读写非阻塞，那么在 open() 函数中设定为 O_NONBLOCK。

对于管道阻塞打开和非阻塞打开，读/写进程应注意的问题如下。

（1）读进程。

① 若该管道是阻塞打开，且当前 FIFO 内没有数据，则对读进程而言将一直阻塞，直到有数据写入为止。

② 若该管道是非阻塞打开，则无论 FIFO 内是否有数据，读进程都会立即执行读操作。

（2）写进程。

① 若该管道是阻塞打开，则对写进程而言将一直阻塞，直到有读进程读出数据为止。

② 若该管道是非阻塞打开，则当前 FIFO 内没有读操作，写进程就会立即执行读操作。

有名管道使用示例如下。

分别写两个程序文件（.c 文件，都带有 main() 函数），一个实现在管道中 read 数据，一个实现在管道中 write 数据。read 文件创建管道，不断地读管道内容并打印输出其内容到终端。write 文件则是在运行时，把所带的参数写入管道（如 ./write aaaa，把 aaaa 写入到管道中）。

管道读程序如下。

```
/*fifo_read.c*/
#include <sys/types.h>
#include <sys/stat.h>
#include <errno.h>
#include <fcntl.h>
#include <stdio.h>
#include <stdlib.h>
#include <string.h>
#include <unistd.h>

#define FIFO "/tmp/myfifo"
int main(int argc,char** argv)
{
    char buf_r[100];
    int  fd;
    int nread;
    if((mkfifo(FIFO,O_CREAT|O_EXCL)<0)&&(errno!=EEXIST))
        printf("cannot create fifoserver\n");
    printf("Preparing for reading bytes...\n");
    memset(buf_r,0,sizeof(buf_r));
    fd=open(FIFO,O_RDONLY|O_NONBLOCK,0);
    if(fd==-1)
    {
        perror("open");
        exit(1);
    }
    while(1)
    {
        memset(buf_r,0,sizeof(buf_r));
        if((nread=read(fd,buf_r,100))==-1)
            {
                    if(errno==EAGAIN)
            printf("no data yet\n");
        }
        printf("read %s from FIFO\n",buf_r);
        sleep(1);
    }
    pause();
    unlink(FIFO);
    return 0;
}
```

管道写程序如下。

```c
/*fifo_write.c*/
#include <sys/types.h>
#include <sys/stat.h>
#include <errno.h>
#include <fcntl.h>
#include <stdio.h>
#include <stdlib.h>
#include <string.h>
#include <unistd.h>

#define FIFO_SERVER "/tmp/myfifo"
int main(int argc, char** argv)
{
    int fd;
    char w_buf[100];
    int nwrite;
    if(fd==-1)
        if(errno==ENXIO)printf("open error; no reading process\n");
        fd=open(FIFO_SERVER,O_WRONLY|O_NONBLOCK,0);
        if(argc==1)printf("Please send something\n");
    else
    {
        strcpy(w_buf,argv[1]);
        if((nwrite=write(fd,w_buf,100))==-1)
        {
                if(errno==EAGAIN)
            printf("The FIFO has not been read yet.Please try later\n");
        }
        else
                printf("write %s to the FIFO\n",w_buf);
    }
}
```

首先运行 read 程序，再运行 write 程序，得到的结果分别如下。

read 终端：

```
# sudo ./fifo_read
Preparing for reading bytes...
read  from FIFO
read  from FIFO
read  from FIFO
read aaaaa from FIFO
```

write 终端:

```
# sudo ./fifo_write aaaaa
[sudo] password for kitty:
write aaaaa to the FIFO
```

2. 共享内存

共享内存可以说是最有用的进程间通信方式。不同进程共享内存是指同一块物理内存被映射到进程各自的进程地址空间,不同进程可以及时看到某进程对共享内存的数据进行更新。采用内存共享通信的显而易见的好处是效率高,进程可直接读写内存,不需要任何数据的复制。当多个进程共享一段内存时,就需要某种同步机制了,如前面说的互斥锁。共享内存和进程间的关系如图 5-6 所示。

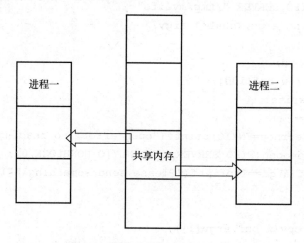

图 5-6 共享内存和进程间的关系

使用共享内存在进程间通信,首先创建共享内存,需要使用 shmget()函数(shmget() 返回相应的标识符),然后调用 shmat()函数完成共享内存区域映射到进程地址空间。进程对共享内存进行操作。操作完成后可以撤销映射,通过 shmdt()函数实现。

共享内存相关函数语法见表 5-22、表 5-23 和表 5-24。

表 5-22 shmget()函数的语法

所需头文件	#include <sys/types.h>
	#include <sys/ipc.h>
	#include <sys/shm.h>
函数原型	int shmget(key_t key, int size, int shmflg)
函数传入值	key: IPC_PRIVATE
	size: 共享内存区大小
	shmflg: 同 open() 函数的权限位,也可以用八进制表示法
函数返回值	成功: 共享内存段标识符
	出错: −1

表 5-23　shmat()函数的语法要点

所需头文件	#include <sys/types.h>	
	#include <sys/ipc.h>	
	#include <sys/shm.h>	
函数原型	char *shmat(int shmid, const void *shmaddr, int shmflg)	
函数传入值	shmid：要映射的共享内存区标识符	
	shmaddr：将共享内存映射到指定位置（若为 0 则表示把该段共享内存映射到调用进程的地址空间）	
	shmflg	SHM_RDONLY：共享内存只读
		默认 0：共享内存可读写
函数返回值	成功：被映射的段地址	
	出错：−1	

表 5-24　shmdt()函数语法要点

所需头文件	#include <sys/types.h>
	#include <sys/ipc.h>
	#include <sys/shm.h>
函数原型	int shmdt(const void *shmaddr)
函数传入值	Shmaddr：被映射的共享内存段地址
函数返回值	成功：0
	出错：−1

共享内存使用，示例如下。

分别写两个程序，程序一把数据写入共享内存，程序二从共享内存读数据。

程序一：

```
/*shm_write.c*/
#include<sys/ipc.h>
#include<sys/shm.h>
#include<sys/types.h>
#include<unistd.h>
#include <string.h>
#include<stdio.h>

typedef struct
{
      char name[5];
      int age;
}people;

int main(int argc, char **argv)
{
      int shm_id,i;
```

```c
        char temp;
        people *p_map;
        char* shmname="/dev/shm/myshm";
        key_t key=ftok(shmname,0);
        shm_id=shmget(key,4096,IPC_CREAT);
        if(shm_id==-1)
        {
                perror("error shmget");
                return 0;
        }
        p_map=(people*)shmat(shm_id,NULL,0);
        temp='a';
        for(i=0;i<8;i++)
        {
                temp+=1;
                memcpy((*(p_map+i)).name,&temp,1);
                (*(p_map+i)).age=18+i;
        }
        if(shmdt(p_map)==-1)
                perror("error shmdt");
        return 0;
    }
```

程序二：

```c
/*shm_read.c*/
#include<sys/ipc.h>
#include<sys/shm.h>
#include<sys/types.h>
#include<unistd.h>
#include <string.h>
#include<stdio.h>
typedef struct
{
        char name[5];
    int age;
}people;

void main(int argc,char **argv)
{
        int shm_id,i;
        char temp;
```

```
        people *p_map;
        char* shmname="/dev/shm/myshm";
        key_t key=ftok(shmname,0);
        shm_id=shmget(key,4096,IPC_CREAT);
        if(shm_id==-1)
        {
                perror("error shmget");
                return;
        }
    p_map=(people *)shmat(shm_id,NULL,0);
    temp='a';
    for(i=0;i<8;i++)
    {
        printf("name:%s  age:%d \n",(*(p_map+i)).name,(*(p_map+i)).age);
    }
    if(shmdt(p_map)==-1)
        perror("error shmdt");
    return ;
    }
```

编译后，首先运行程序一，再运行程序二，结果如下。

```
# sudo ./shm_write
[sudo] password for kitty:
# sudo ./shm_read
name:b    age:18
name:c    age:19
name:d    age:20
name:e    age:21
name:f    age:22
name:g    age:23
name:h    age:24
name:i    age:25
```

注意：

共享内存比其他几种方式有着更方便的数据控制能力，数据在读写过程中会更透明。当成功导入一块共享内存后，它只是相当于一个字符串指针来指向一块内存，在当前进程下用户可以随意访问。缺点是，在数据写入进程或数据读出进程中，需要附加数据结构控制。在共享内存段中都是以字符串的默认结束符为一条信息的结尾。每个进程在读/写时都遵守这个规则，就不会破坏数据的完整性。

3．信号量

信号量与其他进程间通信方式不同，它主要提供对进程共享资源访问控制机制，相当于内存中的标志，进程可以根据它判定是否能够访问某些共享资源，同时，进程也可以修改该标志。信号量除用于访问控制外，还可用于进程同步。信号量本质上是一个非负的整数计数器。

信号量同步的原理实际上就是操作系统中所用到的 PV 原语。1 次 P 操作使信号量 sem 减 1，而 1 次 V 操作使 sem 加 1。进程（线程）根据信号量的值来判断是否对公共资源具有访问权限。当 sem 的值大于或等于 0 时，该进程（或线程）具有公共资源的访问权限；相反，当 sem 的值小于 0 时，该进程（线程）就将阻塞，直到 sem 的值大于或等于 0 为止。

信号量有两组系统调用函数：一组是 System V 信号量，常用于进程的同步；另一组来源于 POSIX，常用于线程同步。在这里介绍 System V 信号量。

System V 信号量所用到的基本系统调用有三个：semget()函数用于创建一个新信号量或取得一个已有信号量的键；semop()函数用于改变信号量的值；semctl()函数允许直接控制信号量信息。信号量相关函数的语法见表 5-25 至表 5-28。

表 5-25   semget()函数语法

所需头文件	#include<sys/types.h>
	#include<sys/ipc.h>
	#include<sys/sem.h>
函数原型	int semget(key_t key, int nsems, int semflg)
函数传入值	key：标识一个信号量集的表示符
	nsems：指定打开或者新创建的信号量集中将包含信号量的数目
	semflg：一些标志位
返回值	成功：非零值
	失败：−1

表 5-26   semopt()函数语法

所需头文件	#include<sys/types.h>
	#include<sys/ipc.h>
	#include<sys/sem.h>
函数原型	int semop(int semid, struct sembuf *sops, unsigned nsops)
函数传入值	semid：信号量集 ID
	sops：指向数组的每个 sembuf 结构都刻画一个在特定信号量上的操作
	struct sembuf{
	unsigned short sem_num;
	short sem_op;
	short sem_flg;
	}
	Nsops：sops 指向数组的大小
返回值	成功：0
	失败：−1

表 5-27　semctl()函数语法

所需头文件	#include<sys/types.h>
	#include<sys/ipc.h>
	#include<sys/sem.h>
函数原型	int semctl(int semid, int semnum, int cmd, union semun arg)
函数传入值	semid：指定信号量集
	semnum：指定对哪个信号量操作，只对几个特殊的 cmd 操作有意义
	cmd：指定具体的操作类型
	arg：用于设置或返回信号量信息
	union semu{
	int　　　　val;
	struct semid_ds　*buf;
	unsignaed short　*array;
	}
返回值	成功：与 cmd 有关
	失败：−1

表 5-28　参数 cmd 的取值

IPC_STAT	获取信号量信息
IPC_SET	设置信号量信息
GETALL	返回所有信号量的值
GETNCNT	返回等待 semnum 所代表信号量的值增加的进程数，相当于目前有多少进程在等待 semnum 代表的信号量的共享资源
GETPID	返回最后一个对 semunm 所代表信号量执行 semop 操作的进程 ID，成功时返回值为 sempid
GETVAL	返回 semnum 所代表信号量的值，成功返回值为 semval
GETZCNT	返回等待 semnum 所代表信号量的值变为 0 的进程数，成功时返回值为 sem
SETALL	通过 arg.array 更新所有信号量的值
SETVAL	设置 semnum 所代表信号量的值为 arg.val
IPC_STAT	获取信号量信息
IPC_SET	设置信号量信息
GETALL	返回所有信号量的值
GETNCNT	返回等待 semnum 所代表信号量的值增加的进程数，相当于目前有多少进程在等待 semnum 代表的信号量所代表的共享资源
GETPID	返回最后一个对 semunm 所代表信号量执行 semop 操作的进程 ID，成功时返回值为 sempid
GETVAL	返回 semnum 所代表信号量的值，成功返回值为 semval
GETZCNT	返回等待 semnum 所代表信号量的值变成 0 的进程数，成功时返回值为 sem
SETALL	通过 arg.array 更新所有信号量的值
SETVAL	设置 semnum 所代表信号量的值为 arg.val

信号量使用示例如下。

```
/*sem1.c*/
```

```c
#include<unistd.h>
#include<stdlib.h>
#include<stdio.h>
#include<sys/types.h>
#include<sys/sem.h>
#include<sys/ipc.h>
union semun
{
    int val;
    struct semid_ds *buf;
    unsigned short *array;
};
static int set_semvalue(void);
static void del_semvalue(void);
static int semaphore_p(void);
static int semaphore_v(void);
static int sem_id;
int main(int argc,char *argv[])
{
    int i;
    int pause_time;
    char op_char ='0';
    srand((unsigned int)getpid());
    sem_id=semget((key_t)1234,1,0666 | IPC_CREAT);
    if(argc>1)
    {
        if(!set_semvalue())
        {
            printf("Failed to initialize semaphore\n");
            return 1;
        }
        op_char='X';
        sleep(2);
    }
    for(i=0;i<10;i++)
    {
        if(!semaphore_p())
        return 1;
        printf("%c",op_char);
        pause_time =rand()%3;
        sleep(pause_time);
        printf("%c",op_char);
```

```
            fflush(stdout);
            if(!semaphore_v())
            return 1;
            pause_time = rand()%2;
            sleep(pause_time);
    }
    printf("\n%d - finished\n",getpid());
    if(argc>1)
    {
            sleep(10);
        del_semvalue();
    }
    return 0;
}
static int set_semvalue(void)
{
    union semun sem_union;
    sem_union.val =1;
    if(semctl(sem_id,0,SETVAL,sem_union)==-1) return(0);
    return (1);
}
static void del_semvalue(void)
{
    union semun sem_union;
    if(semctl(sem_id,0,IPC_RMID,sem_union)==-1)
    printf("Failed to delete semaphore\n");
}
static int semaphore_p(void)
{
    struct sembuf sem_b;
    sem_b.sem_num=0;
    sem_b.sem_op=-1;
    sem_b.sem_flg=SEM_UNDO;
    if(semop(sem_id,&sem_b,1)==-1)
    {
        printf("semaphore_p failed\n");
        return (0);
    }
    return (1);
}
static int semaphore_v(void)
{
```

```
struct sembuf sem_b;
sem_b.sem_num=0;
sem_b.sem_op=1;
sem_b.sem_flg=SEM_UNDO;
if(semop(sem_id,&sem_b,1)==-1)
{
    printf("semaphore_v failed\n");
    return 0;
}
return 1;
}
```

运行结果：

```
# ./sem1 8
xxxxxxxxxxxxxxxxxxxxx
31864 - finished
```

5.4 多线程通信

5.4.1 线程简介

在 Linux 系统中，当进程进行切换等操作时需要负责上下文切换等动作，因为每个进程都拥有自己的数据段、代码段和堆栈段，从而造成进程的切换产生很大的开销。为了减少处理机的空转时间，支持多处理器和减少上下文切换的开销，出现了一个新概念——线程。线程是一个进程内的基本调度单位，也可以称为轻量级进程，一个进程内可有多个线程。线程是在共享内存空间中并发的多道执行路径，它们共享一个进程的资源，如文件描述和信号处理。这样线程在切换时，大大减少了上下文切换的开销。

一个进程内的多线程共享一个用户地址空间。由于线程共享了进程的资源和地址空间，因此，任何线程对系统资源的操作都会给其他线程带来影响，这样就要实现多线程之间的同步。线程和进程的关系如图 5-7 所示。

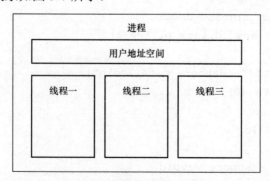

图 5-7 线程与进程关系

5.4.2　Linux 线程控制

1．线程基本操作

在 Linux 中，创建线程所用的函数是 pthread_create（其语法要点见表 5-29），而创建线程实际上就是确定调用该线程函数的入口点。线程退出有两种方法：一种是在线程被创建后，就开始运行相关的线程函数，在该函数运行完毕后，该线程也就退出了；另一种是使用 pthread_exit()函数（其语法要点见表 5-30）主动退出。在这里应注意，线程退出使用 pthread_exit()函数，而进程退出使用 exit()函数，当使用 exit()函数终止进程时，进程中所有线程都会终止。在进程之间用 wait()函数来同步终止和释放资源，而线程之间实现这样的机制是用 pthread_join()函数（其语法要点见表 5-31）。pthread_join()函数可用于将当前线程挂起，等待线程的结束，这个函数是一个线程阻塞函数，调用它的函数将一直到被等待的线程结束为止，当函数返回时，被等待线程的资源被回收。

表 5-29　pthread_create()函数语法要点

所需头文件	#include <pthread.h>
函数原型	int pthread_create ((pthread_t *thread, pthread_attr_t *attr, void *(*start_routine)(void *), void *arg))
函数传入值	thread：线程标识符
	attr：线程属性设置
	start_routine：线程函数的起始地址
	arg：传递给 start_routine 的参数
函数返回值	成功：0
	失败：−1

表 5-30　pthread_exit()函数的语法要点

所需头文件	#include <pthread.h>
函数原型	void pthread_exit(void *retval)
函数传入值	retval：pthread_exit 调用者线程的返回值，可由其他函数如 pthread_join 来检索获取

表 5-31　pthread_join()函数的语法要点

所需头文件	#include <pthread.h>
函数原型	int pthread_join ((pthread_t th, void **thread_return))
函数传入值	th：等待线程的标识符
	thread_return：用户定义的指针，用来存储被等待线程的返回值（不为 NULL 时）
函数返回值	成功：0
	出错：−1

函数使用示例如下。

分别创建两个线程，当线程结束时调用 pthread_exit()函数退出，另一个线程在运行的过程中进行 sleep。在主线程中搜集这两个线程的退出信息，并释放资源。

```
/*thread.c*/
#include <stdio.h>
#include <pthread.h>
#include <stdlib.h>
#include <unistd.h>
void thread1(void)
{
        int i=0;
        while(i<3)
        {
                printf("i= %d in pthread1\n",i);
                i++;
                sleep(5);
        }
        pthread_exit(0);
}

void thread2(void)
{
        int i=0;
        while(i<5)
        {
                printf("i= %d in pthread2\n",i);
                i++;
        }
        pthread_exit(0);
}

int main(void)
{
        pthread_t thrd1,thrd2;
        int ret;
        ret=pthread_create(&thrd1,NULL,(void *)thread1,NULL);
        if(ret=0)
        {
                printf("create thread1 fail\n");
                exit(1);
        }
        ret=pthread_create(&thrd2,NULL,(void *)thread2,NULL);
        if(ret=0)
        {
                printf("create thread2 fail\n");
```

```
                exit(1);
            }
        pthread_join(thrd1,NULL);
        pthread_join(thrd2,NULL);
        exit(0);
    }
```

编译:

```
# gcc thread.c -o thread -lpthread
```

运行结果:

```
# ./thread
i= 0 in pthread1
i= 0 in pthread2
i= 1 in pthread2
i= 2 in pthread2
i= 3 in pthread2
i= 4 in pthread2
i= 1 in pthread1
i= 2 in pthread1
```

2. 线程属性

什么是线程属性? 线程属性控制着一个线程在它整个生命周期里的行为。在创建线程 pthread_create()函数的第二个参数就是设置线程属性。线程属性包括绑定属性、分离属性、堆栈地址、堆栈大小、优先级。当 pthread_create()函数的第二个参数设置为 NULL 时, 就是采用默认属性, 默认属性为非绑定、非分离、1MB 堆栈, 与父进程同样级别的优先级。

1)绑定属性

线程可分为用户级线程和核心级线程两种, 而绑定属性正是设置用户级线程和核心级线程之间的关系。绑定属性分为两种情况: 绑定和非绑定。在绑定属性下, 一个用户线程固守分配给一个内核线程, 因为 CPU 时间片的调度是面向内核线程的, 因此具有绑定属性的线程可以保证在需要时总有一个内核线程与之对应。在非绑定属性下, 用户线程和内核线程的关系不是始终固定的, 而是由系统根据实际情况分配的。

2)分离属性

分离属性用来决定一个线程以什么样的方式来终止自己。分离属性分为两种情况。

(1)在非分离情况下, 当线程结束时, 它所占用的系统资源并没有立即释放。只有当 pthread_join()函数返回时, 创建的线程才会释放自己占用的系统资源。

(2)在分离属性情况下, 线程结束时立即释放它所占有的系统资源。

在这里特别需要注意的是, 如果设置一个线程的分离属性, 而这个线程运行又非常快, 那么它很可能在 pthread_create()函数返回前就终止了, 它终止后就可能将线程号和系统资源移交给其他的线程使用，这时调用 pthread_create()函数的线程就得到了错误的线程号。

线程属性的设置都是通过某些函数来完成的，通常首先调用 pthread_attr_init()函数（其语法要点见表 5-32）对线程属性进行初始化，之后再调用相应的属性设置函数。设置绑定属性的函数为 pthread_attr_setscope()函数（其语法要点见表 5-33），设置线程分离属性的函数为 pthread_attr_setdetachstate()函数其语法要点见表 5-34，设置线程优先级的相关函数为 pthread_attr_getschedparam() 函数 （ 获取线程优先级， 其语法要点见表 5-35 ） 和 pthread_attr_setsched- param()函数（设置线程优先级，其语法要点见表 5-36）。在设置完相关属性后，就可以通过 pthread_create()函数来创建线程了。

表 5-32　pthread_attr_init()函数的语法要点

所需头文件	#include <pthread.h>	
函数原型	int pthread_attr_init(pthread_attr_t *attr)	
函数传入值	attr：线程属性	
函数返回值	成功：0	
	出错：−1	

表 5-33　pthread_attr_setscope()函数的语法要点

所需头文件	#include <pthread.h>	
函数原型	int pthread_attr_setscope(pthread_attr_t *attr, int scope)	
函数传入值	attr：线程属性	
	scope	PTHREAD_SCOPE_SYSTEM：绑定
		PTHREAD_SCOPE_PROCESS：非绑定
函数返回值	成功：0	
	出错：−1	

表 5-34　pthread_attr_setdetachstate()函数的语法要点

所需头文件	#include <pthread.h>	
函数原型	int pthread_attr_setscope(pthread_attr_t *attr, int detachstate)	
函数传入值	attr：线程属性	
	detachstate	PTHREAD_CREATE_DETACHED：分离
		PTHREAD_CREATE_JOINABLE：非分离
函数返回值	成功：0	
	出错：−1	

表 5-35　pthread_attr_getschedparam()函数的语法要点

所需头文件	#include <pthread.h>
函数原型	int pthread_attr_getschedparam (pthread_attr_t *attr, struct sched_param *param)
函数传入值	attr：线程属性
	param：线程优先级
函数返回值	成功：0
	出错：−1

表 5-36　pthread_attr_setschedparam ()函数的语法要点

所需头文件	#include <pthread.h>
函数原型	int pthread_attr_setschedparam (pthread_attr_t *attr, struct sched_param *param)
函数传入值	attr：线程属性
	param：线程优先级
函数返回值	成功：0
	出错：−1

函数使用示例如下。

创建两线程，第一个线程设置为绑定、分离属性，第二个线程为默认属性。

```
/*threadattr.c*/
#include<stdio.h>
#include<pthread.h>
#include<stdlib.h>
#include<unistd.h>
void thread1(void)
{
        int i=0;
        while(i<5)
        {
                printf("i= %d in pthread1\n",i);
                i++;
                if(i==2)break;
                sleep(1);
        }
        pthread_exit(0);
}
void thread2(void)
{
        int i=0;
        while(i<10)
        {
                printf("i= %d in pthread2\n",i);
                i++;
                sleep(1);
        }
        pthread_exit(0);
}
int main(void)
{
        pthread_t thrd1,thrd2;
```

```
        int ret;
        pthread_attr_t attr;
        pthread_attr_init(&attr);
        pthread_attr_setscope(&attr,PTHREAD_SCOPE_SYSTEM);
        pthread_attr_setdetachstate(&attr,PTHREAD_CREATE_DETACHED);
        ret=pthread_create(&thrd1,&attr,(void *)thread1,NULL);
        if(ret=0)
        {
            printf("create thread1 fail\n");
            exit(1);
        }
        ret=pthread_create(&thrd2,NULL,(void *)thread2,NULL);
        if(ret=0)
        {
            printf("create thread2 fail\n");
            exit(1);
        }
        pthread_join(thrd2,NULL);
        exit(0);
    }
```

编译生成可执行文件 threadattr。

首先使用 free 命令查看内存使用情况。

```
# free
          total      used       free     shared    buffers     cached
Mem:    1008020    976512      31508      10872      36396     448060
-/+ buffers/cache:    492056     515964
Swap:   1046524         0    1046524
```

然后运行生成的可执行文件 threadattr。

```
#./threadattr
i= 0 in pthread2
i= 0 in pthread1
i= 1 in pthread2
i= 1 in pthread1
i= 2 in pthread2
......
```

在 threadattr 程序运行过程中，在另外的终端界面中输入 free 命令可查看内存情况。

```
#~$ free
          total      used       free     shared    buffers     cached
Mem:    1008020    976588      31432      10872      36436     448052
```

```
-/+ buffers/cache:      492100    515920
Swap:       1046524          0   1046524
```

在程序运行完毕后，再输入 free 命令查看内存情况。

```
#~$ free
            total      used      free     shared    buffers    cached
Mem:      1008020    976512     31508      10872      36396    448060
-/+ buffers/cache:    492056    515964
Swap:     1046524         0    1046524
```

总结：比较程序运行过程中和运行后内存使用情况，当程序运行完毕后系统就回收了内存。

3. 信号量

信号量是一个非负的整数计数器，是操作系统中所用到的 PV 原语，它主要应用于进程或线程间的同步与互斥。那么，PV 原语是什么呢？PV 原语的工作原理如下。

PV 原语是对整数计数器信号量 sem 的操作。1 次 P 操作使 sem 减 1，而 1 次 V 操作使 sem 加 1。线程（或进程）根据信号量的值来判断是否对公共资源具有访问权限。当信号量 sem 的值大于或等于 0 时，该线程（或进程）具有公共资源的访问权限；相反，当信号量 sem 的值小于 0 时，该线程（或进程）就将阻塞，直到信号量 sem 的值大于或等于 0 为止。

PV 原语主要用于进程或线程间的同步和互斥这两种典型情况。

用于互斥时，几个线程（或进程）往往只设置一个信号量 sem，它们的操作流程如图 5-8 所示。

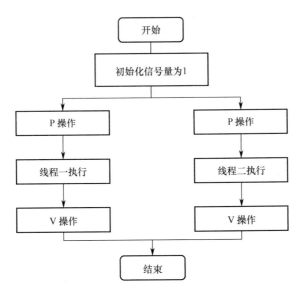

图 5-8　线程互斥操作流程

当信号量用于同步操作时，往往设置多个信号量，并安排不同的初始值来实现它们之间的顺序执行，它们的操作流程如 5-9 所示。

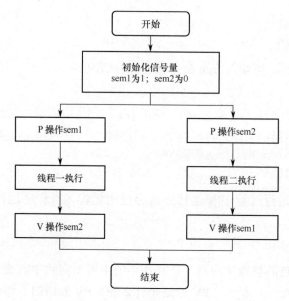

图 5-9 线程同步操作流程

在使用信号量时涉及以下函数：sem_init()函数（其语法要点见表 5-37）用于创建信号量，并初始化其值；sem_wait()函数（其语法要点见表 5-38）和 sem_trywait()函数相当于 P 操作，用于将信号量的值减 1，其区别在于若信号量小于 0 时，sem_wait()将会阻塞进程，而 sem_trywait()则会立即返回；sem_post()函数相当于 V 操作，它将信号量的值加 1，同时发出信号唤醒等待的进程；sem_getvalue()函数用于得到信号量的值；sem_destroy()函数用于删除信号量。

表 5-37 sem_init()函数的语法要点

所需头文件	#include <semaphore.h>
函数原型	int sem_init(sem_t *sem, int pshared, unsigned int value)
函数传入值	sem：信号量
	pshared：决定信号量能否在几个进程间共享。由于目前 Linux 还没有实现进程间共享信号量，所以这个值只能够取 0
	value：信号量初始化值
函数返回值	成功：0
	出错：−1

表 5-38 sem_wait()等函数的语法要点

所需头文件	#include <pthread.h>
函数原型	int sem_wait(sem_t *sem)
	int sem_trywait(sem_t *sem)
	int sem_post(sem_t *sem)
	int sem_getvalue(sem_t *sem)
	int sem_destroy(sem_t *sem)
函数传入值	sem：信号量
函数返回值	成功：0
	出错：−1

1）函数使用示例（1）

使用信号量实现两线程是互斥操作，也就是只使用一个信号量来实现。

```c
/*sem_mutex.c*/
#include <stdio.h>
#include <stdlib.h>
#include <unistd.h>
#include <pthread.h>
#include <errno.h>
#include <sys/ipc.h>
#include <semaphore.h>
int lock_var;
time_t end_time;
sem_t sem;
void pthread1(void *arg);
void pthread2(void *arg);
int main(int argc, char *argv[])
{
    pthread_t id1,id2;
    pthread_t mon_th_id;
    int ret;
    end_time = time(NULL)+30;
    /*初始化信号量为 1*/
    ret=sem_init(&sem,0,1);
    if(ret!=0)
    {
        perror("sem_init");
    }
    /*创建两个线程*/
    ret=pthread_create(&id1,NULL,(void *)pthread1, NULL);
    if(ret!-0)
    perror("pthread cread1");
    ret=pthread_create(&id2,NULL,(void *)pthread2, NULL);
    if(ret!=0)
    perror("pthread cread2");
    pthread_join(id1,NULL);
    pthread_join(id2,NULL);
    exit(0);
}
void pthread1(void *arg)
{
    int i;
```

```
        while(time(NULL) < end_time)
        {
            /*信号量减 1，P 操作*/
            sem_wait(&sem);
            for(i=0;i<2;i++)
            {
                sleep(1);
                lock_var++;
                printf("lock_var=%d\n",lock_var);
            }
            printf("pthread1:lock_var=%d\n",lock_var);
            /*信号量加 1，V 操作*/
            sem_post(&sem);
            sleep(1);
        }
    }
    void pthread2(void *arg)
    {
        int nolock=0;
        int ret;
        while(time(NULL) < end_time)
        {
            /*信号量减 1，P 操作*/
            sem_wait(&sem);
            printf("pthread2:pthread1 got lock;lock_var=%d\n",lock_var);
            /*信号量加 1，V 操作*/
            sem_post(&sem);
            sleep(3);
        }
    }
```

程序运行结果如下。

```
# ./sem_mutex
pthread2:pthread1 got lock;lock_var=0
lock_var=1
lock_var=2
pthread1:lock_var=2
pthread2:pthread1 got lock;lock_var=2
lock_var=3
lock_var=4
pthread1:lock_var=4
pthread2:pthread1 got lock;lock_var=4
```

```
lock_var=5
lock_var=6
pthread1:lock_var=6
pthread2:pthread1 got lock;lock_var=6
...
```

2）函数使用实例（2）

通过两个信号量来实现两个线程间的同步。

```c
/*sem_syn.c*/
#include <stdio.h>
#include <stdlib.h>
#include <unistd.h>
#include <pthread.h>
#include <errno.h>
#include <sys/ipc.h>
#include <semaphore.h>
int lock_var;
time_t end_time;
sem_t sem1,sem2;
void pthread1(void *arg);
void pthread2(void *arg);
int main(int argc, char *argv[])
{
    pthread_t id1,id2;
    pthread_t mon_th_id;
    int ret;
    end_time = time(NULL)+30;
    /*初始化两个信号量，一个信号量为 1，一个信号量为 0*/
    ret=sem_init(&sem1,0,1);
    ret=sem_init(&sem2,0,0);
    if(ret!=0)
    {
        perror("sem_init");
    }
    /*创建两个线程*/
    ret=pthread_create(&id1,NULL,(void *)pthread1, NULL);
    if(ret!=0)
        perror("pthread cread1");
    ret=pthread_create(&id2,NULL,(void *)pthread2, NULL);
    if(ret!=0)
        perror("pthread cread2");
    pthread_join(id1,NULL);
```

```
    pthread_join(id2,NULL);
    exit(0);
}


void pthread1(void *arg)
{
    int i;
    while(time(NULL) < end_time)
    {
        /*P 操作信号量 2*/
        sem_wait(&sem2);
        for(i=0;i<2;i++)
        {
            sleep(1);
            lock_var++;
            printf("lock_var=%d\n",lock_var);
        }
        printf("pthread1:lock_var=%d\n",lock_var);
        /*V 操作信号量 1*/
        sem_post(&sem1);
        sleep(1);
    }
}
void pthread2(void *arg)
{
    int nolock=0;
    int ret;
    while(time(NULL) < end_time)
    {
        /*P 操作信号量 1*/
        sem_wait(&sem1);
        printf("pthread2:pthread1 got lock;lock_var=%d\n",lock_var);
        /*V 操作信号量 2*/
        sem_post(&sem2);
        sleep(3);
    }
}
```

从以下结果中可以看出，该程序确实实现了先运行线程二，再运行线程一。

```
# ./sem_syn
pthread2:pthread1 got lock;lock_var=0
lock_var=1
lock_var=2
pthread1:lock_var=2
```

```
pthread2:pthread1 got lock;lock_var=2
lock_var=3
lock_var=4
pthread1:lock_var=4
pthread2:pthread1 got lock;lock_var=4
…
```

5.5　Linux 网络编程

5.5.1　TCP/IP 简介

TCP/IP（Transmission Control Protocol/ Internet Protocol）称为传输控制/网际协议，又称网络通信协议。

TCP/IP 虽然叫传输控制协议（TCP）和网际协议（IP），但实际上是一组协议，它包含了上百个功能的协议，如 ICMP、RIP、TELNET、FTP、SMTP、ARP、TFTP 等，这些协议一起被称为 TCP/IP。TCP/IP 族中一些常用协议的英文名称及含义见表 5-39。

表 5-39　TCP/IP 族中一些常用协议

常用协议的英文名称	含　　义	常用协议的英文名称	含　　义
TCP	传输控制协议	SMTP	简单邮件传输协议
IP	网际协议	SNMP	简单网络管理协议
UDP	用户数据报协议	FTP	文件传输协议
ICMP	互联网控制信息协议	ARP	地址解析协议

通俗地讲，TCP 负责发现传输的问题，一有问题就发出信号，要求重新传输，直到所有数据安全、正确地传输到目的地。而 IP 则是给因特网中的每台计算机规定一个地址。

TCP/IP 是 4 层的体系结构：应用层、传输层、网络层和网络接口层。但最下面的网络接口层并没有具体内容。因此往往采取折中的办法，即综合 OSI 和 TCP/IP 的优点，采用一种只有 4 层协议的体系结构，如图 5-10 所示。

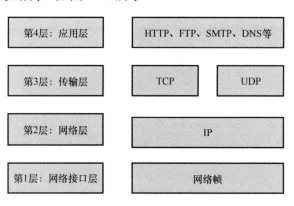

图 5-10　TCP/IP 体系结构的关系

应用层：向用户提供一组常用的应用程序，如电子邮件、文件传输访问、远程登录等。文件传输访问 FTP 使用文件传输协议来提供网络内机器间的文件复制功能。

传输层：提供应用程序间的通信。其功能包括格式化信息流和提供可靠传输。为实现后者，传输层协议规定接收端必须发回确认，并且假如分组丢失，必须重新发送，即耳熟能详的"三次握手"过程，从而提供可靠的数据传输。

网络层：负责相邻计算机之间的通信。其功能包括 3 个方面。

（1）处理来自传输层的分组发送请求，收到请求后，将分组装入 IP 数据报，填充报头，选择去往信宿机的路径，然后将数据报发往适当的网络接口。

（2）处理输入数据报。首先检查其合法性，然后进行寻径。假如该数据报已到达信宿机，则去掉报头，将剩下部分交给适当的传输协议；假如该数据报尚未到达信宿机，则转发该数据报。

（3）处理路径、流控、拥塞等问题。

网络接口层：TCP/IP 的最底层，负责接收 IP 数据报和把数据报通过选定的网络发送出去。

5.5.2　socket 通信基本概念

1. 套接字（socket）

套接字（socket）的本义是插座，在网络中用来描述计算机中不同程序与其他计算机程序的通信方式。人们常说的 socket 是一种特殊的 I/O 接口，它也是一种文件描述符。socket 是一种常用的进程间通信机制，通过它不仅能实现本机上的进程间通信，而且通过网络能够在不同机器上的进程间进行通信。

套接字由 3 个参数构成：IP 地址、端口号、传输层协议，以区分不同应用程序进程间的网络通信与连接。在 Linux 中的网络编程是通过 socket 接口来进行的。socket 接口是一种特殊的 I/O，它也是一种文件描述符。每个 socket 都用一个半相关描述{协议，本地地址、本地端口}来表示；一个完整的套接字则用一个相关描述{协议，本地地址、本地端口、远程地址、远程端口}来表示。socket 也有一个类似打开文件的函数调用，该函数返回一个整型的 socket 描述符，随后的连接建立、数据传输等操作都是通过 socket 来实现的。

常见的套接字有以下 3 种类型。

1）流式套接字（SOCK_STREAM）

流式套接字提供可靠的、面向连接的通信流；它使用 TCP，从而保证了数据传输的正确性和顺序性。

2）数据报套接字（SOCK_DGRAM）

数据报套接字定义了一种无连接的服务，数据通过相互独立的报文进行传输，是无序的，并且不保证是可靠、无差错的。它使用数据报协议（UDP）。

3）原始套接字

原始套接字允许对底层协议如 IP 或 ICMP 进行直接访问，虽然它的功能强大，但使用却较为不便，主要用于一些协议的开发。

2. 套接字数据结构

C 语言程序进行套接字编程时，常会使用到 sockaddr 和 sockaddr_in 数据类型。这两种数据类型是系统中定义的结构体，用于保存套接字信息，如 IP 地址、通信端口等，下面首先重点介绍两个数据类型：sockaddr 和 sockaddr_in。

```
struct sockaddr
{
    unsigned short sa_family; /*地址族*/
    char sa_data[14];
    /*14 字节的协议地址，包含该 socket 的 IP 地址和端口号*/
};
struct sockaddr_in
{
    short int sa_family; /*地址族*/
    unsigned short int sin_port; /*端口号*/
    struct in_addr sin_addr; /*IP 地址*/
    unsigned char sin_zero[8];
    /*填充 0 以保持与 struct sockaddr 同样大小*/
};
```

这两个数据类型是等效的，可以相互转化，通常，sockaddr_in 数据类型使用更为方便。在建立 sockaddr 或 sockaddr_in 后，就可以对该 socket 进行适当的操作了。

sa_family 字段可选的常见值见表 5-40。

表 5-40　sa_family 字段可选的常见值

结构定义头文件	#include <netinet/in.h>
	AF_INET：IPv4
	AF_INET6：IPv6
sa_family	AF_LOCAL：UNIX 域协议
	AF_LINK：链路地址协议
	AF_KEY：密钥套接字

注：结构字段对了解 sockaddr_in 其他字段的含义非常清楚，具体的设置涉及其他函数，在后面会有详细讲解。

5.5.3　网络编程相关函数说明

1. 主机名与 IP 地址转换

由于 IP 地址比较长，特别是 IPv6 的地址长度多达 128 位，使用起来不方便。因此，使用主机名将会是很好的选择。在 Linux 中，同样有一些函数可以实现主机名和地址的转化，最为常见的有 gethostbyname()、gethostbyaddr()、getaddrinfo()等，它们都可以实现 IPv4 和 IPv6 的地址和主机名之间的转化。其中，gethostbyname()将主机名转化为 IP 地址，gethostbyaddr()则是逆操作，将 IP 地址转化为主机名。另外，getaddrinfo()还能实现自动识别 IPv4 地址和 IPv6 地址。

gethostbyname()函数语法要点见表 5-41，getaddrinfo()函数语法要点见表 5-42。

表 5-41　gethostbyname()函数语法要点

所需头文件	#include <netdb.h>
函数原型	struct hostent *gethostbyname(const char *hostname)
函数传入值	hostname：主机名
函数返回值	成功：hostent 类型指针 出错：−1

调用该函数时可以首先对 addrinfo 结构体中的 h_addrtype 和 h_length 进行设置，若为 IPv4 可设置为 AF_INET 和 4；若为 IPv6 可设置为 AF_INET6 和 16；若不设置则默认为 IPv4 地址类型。

表 5-42　getaddrinfo()函数语法要点

所需头文件	#include <netdb.h>
函数原型	int getaddrinfo(const char *hostname,const char *service, const struct addrinfo *hints,struct addrinfo **result)
函数传入值	hostname：主机名
	service：服务名或十进制的串口号字符串
	hints：服务线索
	result：返回结果
函数返回值	成功：0 出错：−1

在调用之前，首先要对 hints 服务线索进行设置。它是一个 addrinfo 结构体，该结构体常见的选项值见表 5-43。

表 5-43　addrinfo 结构体常见的选项值

结构体头文件	#include <netdb.h>
ai_flags	AI_PASSIVE：该套接口用作被动地打开
	AI_CANONNAME：通知 getaddrinfo()函数返回主机的名字
family	AF_INET：IPv4
	AF_INET6：IPv6
	AF_UNSPE：IPv4 或 IPv6 均可
ai_socktype	SOCK_STREAM：字节流套接字（TCP）
	SOCK_DGRAM：数据报套接字（UDP）
ai_protocol	IPPROTO_IP：IP
	IPPROTO_IPV4：IPv4
	IPPROTO_IPV6：IPv6
	IPPROTO_UDP：UDP
	IPPROTO_TCP：TCP

2．地址格式转换

通常，用户在表达地址时采用的是点分十进制表示的数值（或以冒号分开的十进制 IPv6 地址），而通常在 socket 编程中所使用的则是二进制值，因此需要将这两个数值进行转换。IPv4 中用到的函数有 inet_aton()、inet_addr()和 inet_ntoa()，而 IPv4 和 IPv6 兼容的函数有 inet_pton()和 inet_ntop()。inet_pton()函数是将点分十进制地址映射为二进制地址，而 inet_ntop()函数是将二进制地址映射为点分十进制地址。

inet_pton()函数语法要点见表 5-44，inet_ntop()函数语法要点见表 5-45。

表 5-44　inet_pton()函数语法要点

所需头文件	#include <arpa/inet.h>	
函数原型	int inet_pton(int family, const char *strptr, void *addrptr)	
函数传入值	family	AF_INET（IPv4）
		AF_INET6（IPv6）
	strptr：要转化的值	
	addrptr：转化后的地址	
函数返回值	成功：0	
	出错：−1	

表 5-45　inet_ntop()函数语法要点

所需头文件	#include <arpa/inet.h>	
函数原型	int inet_ntop(int family, void *addrptr, char *strptr, size_t len)	
函数传入值	family	AF_INET：IPv4
		AF_INET6：IPv6
	addrptr：转化后的地址	
	strptr：要转化的值	
	len：转化后值的大小	
函数返回值	成功：0	
	出错：−1	

3．数据存储优先顺序

计算机数据存储有两种字节优先顺序：高位字节优先顺序和低位字节优先顺序。Internet 上数据以高位字节优先顺序在网络上传输，因此需要对这两种字节存储优先顺序进行相互转化。数据存储用到函数的有 htons()、ntohs()、htonl()、ntohl()。这 4 个地址分别实现网络字节序和主机字节序的转化，这里的 h 代表 host，n 代表 network，s 代表 short，l 代表 long。通常 16 位的 IP 端口号用 s 表示，而 IP 地址用 l 表示。

htons()等函数语法要点见表 5-46。

表 5-46　htons()等函数语法要点

所需头文件	#include <netinet/in.h>
函数原型	uint16_t htons(unit16_t host16bit)
	uint32_t htonl(unit32_t host32bit)
	uint16_t ntohs(unit16_t net16bit)
	uint32_t ntohs(unit32_t net32bit)

（续表）

函数传入值	host16bit：主机字节序的 16bit 数据
	host32bit：主机字节序的 32bit 数据
	net16bit：网络字节序的 16bit 数据
	net32bit：网络字节序的 32bit 数据
函数返回值	成功：返回要转换的字节序
	出错：−1

调用该函数只是使其得到相应的字节序，用户无须了解该系统的主机字节序和网络字节序是否真正相等。如果相等不需要转换，则该系统的这些函数将会定义为空宏定义。

5.5.4　网络编程程序设计

1. TCP 客户服务器程序设计

网络上绝大多数的通信服务采用服务器机制（Client/Server），TCP 提供的是一种可靠的、面向连接的服务。

通常，应用程序通过打开一个 socket 来使用 TCP 服务，TCP 管理其他 socket 的数据传递。可以说，通过 IP 的源/目的可唯一区分网络中两个设备的关联，通过 socket 的源/目的可唯一区分网络中两个应用程序的关联。下面介绍基于 TCP 编程相关函数及功能，见表 5-47。

表 5-47　基于 TCP 编程相关函数及功能

函　　数	作　　用
socket()	用于建立一个 socket 连接
bind()	将 socket 与本机上的一个端口绑定，随后就可以在该端口监听服务请求
connect()	面向连接的客户程序使用 connect 函数来配置 socket，并与远端服务器建立一个 TCP 连接
listen()	listen()函数使 socket 处于被动的监听模式，并为该 socket 建立一个输入数据队列，将达到的服务器请求保存在此队列中，直到程序处理它们
accept()	accept()函数让服务器接收客户的连接请求
close()	停止在该 socket 上的任何数据操作
send()	数据发送函数
recv()	数据接收函数

socket()函数语法要点见表 5-48，bind()、listen()、accept()、connect()、send()和 recv()函数语法要点分别见表 5-49 至表 5-54。

表 5-48　socket()函数语法要点

所需头文件	#include <sys/socket.h>	
函数原型	int socket(int family, int type, int protocol)	
函数传入值	family：协议族	AF_INET：IPv4 协议
		AF_INET6：IPv6 协议
		AF_LOCAL：UNIX 域协议

（续表）

函数传入值	family： 协议族	AF_ROUTE：路由套接字
		AF_KEY：密钥套接字
	type：套接字类型	SOCK_STREAM：字节流套接字
		SOCK_DGRAM：数据报套接字
		SOCK_RAW：原始套接字
	protoco：0（原始套接字除外）	
函数返回值	成功：非负套接字描述符 出错：−1	

表 5-49　bind()函数语法要点

所需头文件	#include <sys/socket.h>
函数原型	int bind(int sockfd, struct sockaddr *my_addr, int addrlen)
函数传入值	sockfd：套接字描述符
	my_addr：本地地址
	addrlen：地址长度
函数返回值	成功：0 出错：−1

端口号和地址在 my_addr 中给出了，若不指定地址，则内核随意分配一个临时端口给该应用程序。

表 5-50　listen()函数语法要点

所需头文件	#include <sys/socket.h>
函数原型	int listen(int sockfd，int backlog)
函数传入值	sockfd：套接字描述符
	backlog：请求队列中允许的最大请求数，大多数系统缺省值为 20
函数返回值	成功：0 出错：−1

表 5-51　accept()函数语法要点

所需头文件	#include <sys/socket.h>
函数原型	int accept(int sockfd, struct sockaddr *addr, socklen_t *addrlen)
函数传入值	sockfd：套接字描述符
	addr：客户端地址
	addrlen：地址长度
函数返回值	成功：0 出错：−1

表 5-52　connect()函数语法要点

所需头文件	#include <sys/socket.h>
函数原型	int connect(int sockfd, struct sockaddr *serv_addr, int addrlen)
函数传入值	sockfd：套接字描述符
	serv_addr：服务器端地址
	addrlen：地址长度
函数返回值	成功：0 出错：−1

表 5-53　send()函数语法要点

所需头文件	#include <sys/socket.h>
函数原型	int send(int sockfd, const void *msg, int len, int flags)
函数传入值	sockfd：套接字描述符
	msg：指向要发送数据的指针
	len：数据长度
	flags：一般为 0
函数返回值	成功：0
	出错：−1

表 5-54　recv()函数语法要点

所需头文件	#include <sys/socket.h>
函数原型	int recv(int sockfd, void *buf, int len, unsigned int flags)
函数传入值	sockfd：套接字描述符
	buf：存放接收数据的缓冲区
	len：数据长度
	flags：一般为 0
函数返回值	成功：接收的字节数
	出错：−1

使用示例如下。

程序功能：该实例分为客户端和服务器端。其中，服务器端首先建立起 socket，然后调用本地端口的绑定，接着就开始与客户端建立联系，并接收客户端发送的消息。客户端则在建立 socket 后调用 connect()函数来建立连接。

（1）基于 TCP 流程如图 5-11 所示。

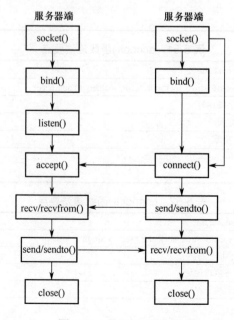

图 5-11　基于 TCP 流程

（2）服务器端的代码。

```c
/*server.c*/
#include <sys/types.h>
#include <sys/socket.h>
#include <stdio.h>
#include <stdlib.h>
#include <string.h>
#include <sys/ioctl.h>
#include <unistd.h>
#include <netinet/in.h>

#define PORT            4321
#define BUFFER_SIZE     1024
#define MAX_QUE_CONN_NM 5

int main()
{
    struct sockaddr_in server_sockaddr, client_sockaddr;
    int sin_size, recvbytes;
    int sockfd, client_fd;
    char buf[BUFFER_SIZE];
    /*建立 socket 连接*/
    if ((sockfd = socket(AF_INET,SOCK_STREAM,0))== -1)
    {
        perror("socket");
        exit(1);
    }
    printf("Socket id = %d\n",sockfd);
    /*设置 sockaddr_in 结构体中相关参数*/
    server_sockaddr.sin_family = AF_INET;
    server_sockaddr.sin_port - htons(PORT);
    server_sockaddr.sin_addr.s_addr = INADDR_ANY;
    bzero(&(server_sockaddr.sin_zero), 8);
    int i = 1;/* 使得重复使用本地地址与套接字进行绑定 */
    setsockopt(sockfd, SOL_SOCKET, SO_REUSEADDR, &i, sizeof(i));
    /*绑定函数 bind()*/
    if (bind(sockfd, (struct sockaddr *)&server_sockaddr, sizeof(struct
sockaddr))== -1)
    {
        perror("bind");
        exit(1);
    }
    printf("Bind success!\n");
```

```
/*调用 listen()函数*/
if (listen(sockfd, MAX_QUE_CONN_NM) == -1)
{
    perror("listen");
    exit(1);
}
printf("Listening....\n");
/*调用 accept()函数，等待客户端的连接*/
if ((client_fd = accept(sockfd, (struct sockaddr *)&client_sockaddr,
&sin_size)) == -1)
{
    perror("accept");
    exit(1);
}
/*调用 recv()函数接收客户端的请求*/
memset(buf , 0, sizeof(buf));
if ((recvbytes = recv(client_fd, buf, BUFFER_SIZE, 0)) == -1)
{
    perror("recv");
    exit(1);
}
printf("Received a message: %s\n", buf);
close(sockfd);
exit(0);
}
```

（3）客户端的代码。

```
/*client.c*/
#include <sys/types.h>
#include <sys/socket.h>
#include <stdio.h>
#include <stdlib.h>
#include <string.h>
#include <sys/ioctl.h>
#include <unistd.h>
#include <netdb.h>
#include <netinet/in.h>

#define PORT    4321
#define BUFFER_SIZE 1024

int main(int argc, char *argv[])
```

```
    {
        int sockfd, sendbytes;
        char buf[BUFFER_SIZE];
        struct hostent *host;
        struct sockaddr_in serv_addr;

        if(argc < 3)
        {
            fprintf(stderr,"USAGE: ./client Hostname(or ip address) Text\n");
            exit(1);
        }
        /*地址解析函数*/
        if ((host = gethostbyname(argv[1])) == NULL)
        {
            perror("gethostbyname");
            exit(1);
        }
        memset(buf, 0, sizeof(buf));
        sprintf(buf, "%s", argv[2]);
        /*创建 socket()*/
        if ((sockfd = socket(AF_INET,SOCK_STREAM,0)) == -1)
        {
            perror("socket");
            exit(1);
        }


        /*设置 sockaddr_in 结构体中相关参数*/
        serv_addr.sin_family = AF_INET;
        serv_addr.sin_port = htons(PORT);
        serv_addr.sin_addr = *((struct in_addr *)host->h_addr);
        bzero(&(serv_addr.sin_zero), 8);
        /*调用 connect()函数主动发起对服务器端的连接*/
        if( connect(sockfd, (struct sockaddr *)&serv_addr, sizeof(struct
sockaddr)) == -1)
        {
            perror("connect");
            exit(1);
        }
        /*给服务器端发送消息*/
        if ((sendbytes = send(sockfd, buf, strlen(buf), 0)) == -1)
        {
            perror("send");
```

```
        exit(1);
    }
    close(sockfd);
    exit(0);
}
```

在运行时需要首先启动服务器端程序，再启动客户端程序。这里可以把服务器端下载到开发板上，客户端在宿主机上运行，然后配置双方的 IP 地址，在确保双方可以通信的情况下运行程序即可。

```
# ./server
socket id = 3
Bind success!
Listening …
Received a message: Hello!

# ./client localhost(或者 IP 地址) Hello!
```

2. UDP 客户服务器程序设计

UDP 是面向无连接的通信协议，UDP 数据包括目的端口号和源端口号信息。因此其主要特点是在客户端不需要用 bind()函数把本地 IP 地址与端口号进行绑定也能进行相互通信。

基于 UDP 通信相关函数见表 5-55。

表 5-55　无连接的套接字通信相关函数

函　数	作　用
bind()	将 socket 与本机上的一个端口绑定，随后即可在该端口监听服务请求
close()	停止在该 socket 上的任何数据操作
sendto()	数据发送函数
recvfrom()	数据接收函数

sendto()函数语法要点见表 5-56，recvfrom()函数语法要点见表 5-57。

表 5-56　sendto()函数语法要点

所需头文件	#include <sys/socket.h>
函数原型	int sendto(int sockfd, const void *msg,int len,unsigned int flags,const struct sockaddr *to, int tolen)
函数传入值	sockfd：套接字描述符
	msg：指向要发送数据的指针
	len：数据长度
	flags：一般为 0
	to：目地机的 IP 地址和端口号信息
	tolen：地址长度
函数返回值	成功：发送的字节数
	出错：-1

表 5-57　recvfrom()函数语法要点

所需头文件	#include <sys/socket.h>
函数原型	int recvfrom(int sockfd,void *buf,int len, unsigned int flags, struct sockaddr *from, int *fromlen)
函数传入值	sockfd：套接字描述符
	buf：存放接收数据的缓冲区
	len：数据长度
	flags：一般为 0
	from：源机的 IP 地址和端口号信息
	fromlen：地址长度
函数返回值	成功：接收的字节数
	出错：−1

使用示例如下。

程序功能：该实例分为服务器端和客户端。其中，服务器端首先建立起 socket，然后调用本地端口的绑定，并接收客户端发送的消息。客户端则在建立 socket 后直接发送信息。

（1）基于 UDP 流程如图 5-12 所示。

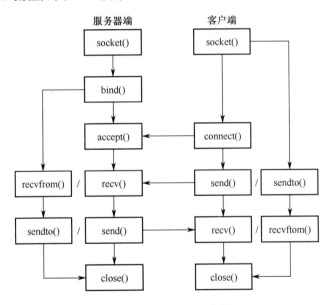

图 5-12　基于 UDP 流程

（2）服务器端代码。

```
/*udpserver.c*/
#include<stdio.h>
#include<stdlib.h>
#inlcude<unistd.h>
#include<string.h>
#include<sys/socket.h>
#include<netinet/in.h>
```

```
#include<arpa/inet.h>
#include<netdb.h>
#include<errno.h>
#include<sys/types.h>
int port=8888;
int main()
{
    int sockfd;
    int len;
    int z;
    char buf[256];
    struct sockaddr_in adr_inet;
    struct sockaddr_in adr_clnt;
    printf("等待客户端....\n");
    /* 建立 IP 地址 */
    adr_inet.sin_family=AF_INET;
    adr_inet.sin_port=htons(port);
    adr_inet.sin_addr.s_addr =htonl(INADDR_ANY);
    bzero(&(adr_inet.sin_zero),8);
    len=sizeof(adr_clnt);
    /* 建立 socket */
    sockfd=socket(AF_INET,SOCK_DGRAM,0);
    if(sockfd==-1)
    {
        perror("socket 出错");
        exit(1);
    }
    /* 绑定 socket */
    z=bind(sockfd,(struct sockaddr *)&adr_inet, sizeof(adr_inet));
    if(z==-1)
    {
        perror("bind 出错");
        exit(1);
    }
    while(1)
    {
    /* 接收传来的信息 */
        z=recvfrom(sockfd,buf,sizeof(buf),0,(struct sockaddr *)&adr_clnt,
        &len);
        if(z<0)
        {
            perror("recvfrom 出错");
            exit(1);
        }
```

```
        buf[z]=0;
        printf("接收:%s", buf);
/* 收到 stop 字符串, 终止连接*/
        if(strncmp(buf,"stop",4)==0)
        {
            printf("结束....\n");
            break;
        }
    }
    close(sockfd);
    exit(0);
}
```

（3）客户端代码。

```
/*udpclient.c*/
#include<stdio.h>
#include<stdlib.h>
#include<unistd.h>
#include<string.h>
#include<sys/socket.h>
#include<netinet/in.h>
#include<arpa/inet.h>
#include<netdb.h>
#include<errno.h>
#include<sys/types.h>

int port=8888;

int main()
{
    int sockfd;
    int i=0;
    int z;
    char buf[80],str1[80];
    struct sockaddr_in adr_srvr;
    FILE *fp;
    printf("打开文件...\n");
    /*以只读的方式打开 liu 文件*/
    fp=fopen("liu","r");
    if(fp==NULL)
    {
        perror("打开文件失败");
        exit(1);
    }
```

```
        printf("连接服务端...\n");
        /* 建立 IP 地址 */
        adr_srvr.sin_family=AF_INET;
        adr_srvr.sin_port=htons(port);
        adr_srvr.sin_addr.s_addr = htonl(INADDR_ANY);
        bzero(&(adr_srvr.sin_zero),8);
        sockfd=socket(AF_INET,SOCK_DGRAM,0);
        if(sockfd==-1)
        {
            perror("socket 出错");
            exit(1);
        }
        printf("发送文件 ....\n");
        /* 读取三行数据，传给 udpserver*/
        for(i=0;i<3;i++)
        {
            fgets(str1,80,fp);
            printf("%d:%s",i,str1);
            sprintf(buf,"%d:%s",i,str1);
            z=sendto(sockfd,buf,sizeof(buf),0,(struct sockaddr *)&adr_srvr,
            sizeof(adr_srvr));
            if(z<0)
            {
                perror("recvfrom 出错");
                exit(1);
            }
        }
        printf("发送...\n");
        sprintf(buf,"stop\n");
        z=sendto(sockfd,buf,sizeof(buf),0,(struct sockaddr *)&adr_srvr,
        sizeof(adr_srvr));
        if(z<0)
        {
            perror("sendto 出错");
            exit(1);
        }
        fclose(fp);
        close(sockfd);
        exit(0);
    }
```

备注：在客户端的当前目录下需要有名为 liu 的文件，若没有则需要自己创建。

第 6 章
嵌入式系统开发

6.1 交叉编译简介

本地编译是指在当前编译平台下，编译出来的程序只能放到当前平台下运行，如在 PC 平台（x86 CPU）上编译出只能运行在该平台上的程序。我们常见的软件开发都属于本地编译。

交叉编译与本地编译相对应，是在一种平台上编译出能运行在体系结构不同的另一种平台上的程序。一种最常见的例子就是，在进行嵌入式开发时手上有个嵌入式开发板，CPU 是 ARM 体系结构的，然后在 x86 的平台下开发，如 Ubuntu 的 Linux，或者 Windows 平台，然后就需要在 x86 的平台上，用交叉编译器去编译写好的程序源代码，最后把编译生成的可执行程序（目标文件）放到目标平台（ARM CPU）上运行。

ARM 上可以运行操作系统，所以完全可以将 ARM 当作计算机来使用，理论上也可以在 ARM 上使用本地的编译器来编译程序。但是，在项目建立初期，目标平台还没有建立，连操作系统都没有，根本谈不上运行什么编译器。所以，总结如下几点原因，放弃本地编译而选择交叉编译。

（1）目标平台的运行速度往往比 PC 平台慢得多，许多专用的嵌入式硬件被设计为低成本和低功耗，没有太高的性能。

（2）整个编译过程是非常消耗资源的，目标平台往往没有足够的内存或磁盘空间。

（3）即使目标平台资源很充足，可以本地编译，但是第一个在目标平台上运行的本地编译器总需要通过交叉编译获得。

（4）一个完整的 Linux 编译环境需要很多依赖库，交叉编译省去了我们将各种依赖库移植到目标平台上的时间。

6.2 交叉编译器

进行交叉编译时，用户需要在 PC 平台上安装对应的交叉编译器，然后用这个交叉编译器编译用户的源代码，最终生成可在目标平台上运行的代码。交叉编译器有很多种，可以从网上下载兼容 CPU 指令集来使用，但更推荐的是根据目标平台进行具体定制，这样交叉编译出来的目标代码才能最大地发挥目标平台的硬件性能。

我们使用交叉编译器时，经常会看到这样的名字：

```
arm-none-linux-gnueabi-gcc
arm-cortex_a8-linux-gnueabi-gcc
mips-malta-linux-gnu-gcc
```

其中，对应的前缀为：

```
arm-none-linux-gnueabi-
arm-cortex_a8-linux-gnueabi-
mips-malta-linux-gnu-
```

这些交叉编译链的命名规则是通用的，有一定的规则：

```
arch-vendor-kernel-system
```

arch：体系结构，表明用于哪个目标体系结构中，如常见的 ARM、x86、MIPS 等。

vendor：表示是谁或厂家制作提供的编译器，或者可以表示具体使用的是哪个架构，如 Cortex-A8，总之这一组命名比较灵活。

kernel：编译出来的程序，在什么系统、环境中运行，如 Linux、uclinux、bare（无 OS）。

system：交叉编译器所选择的库函数和目标映像的规范，如 gnu、gnueabi 等。

常见交叉编译器例子如下。

（1）arm-none-eabi。

用于编译 ARM 架构的裸机系统，包括 ARM Linux 的 Bootloader、Kernel，不适用于编译 Linux 应用 Application。

（2）arm-none-linux-gnueabi。

集成 glibc 库，主要用于基于 ARM 架构的 Linux 系统，可用于编译 ARM 架构的 bootloader、Kernel、Linux 应用等。

（3）arm-eabi-xxx。

谷歌推出的用于编译 Android 的编译器。

（4）arm-none-uclinuxeabi。

用于 μCLinux，使用 uclibc 库，uclibc 库比 glibc 小，最初由 glibc 裁剪而成，兼容部分接口。

6.3　交叉编译器的安装

安装 arm-2009q3、arm-eabi-4.6 至/usr/local/arm/下。执行以下命令。

（1）在/usr/local/目录下新建 arm 目录。

```
# mkdir /usr/local/arm
```

（2）在共享目录/mnt/hgfs/share/下复制 arm-2009q3.tar.gz、arm-eabi-4.6.tar.gz 到/usr/local/arm 中。

```
# cp /mnt/hgfs/share/arm-2009q3.tar.gz /usr/local/arm
# cp /mnt/hgfs/share/arm-eabi-4.6.tar.gz /usr/local/arm
```

（3）对压缩包 arm-eabi-4.6.tar.gz、arm-2009q3.tar.gz 进行解压。

```
# tar zxvf arm-2009q3.tar.gz  /usr/local/arm/
# tar zxvf arm-eabi-4.6.tar.gz /usr/local/arm/
```

（4）解压后的目录 eabi 改为 4.6 目录。

```
# mv  arm-eabi-4.6   4.6
```

（5）设置环境变量，让它成为默认交叉编译器。

```
#vi ~/.bashrc
```

（6）在文件末尾添加一行指定路径。

```
export PATH=/usr/local/arm/4.6/bin:$PATH
export PATH=/usr/local/arm/arm-2009q3/bin:$PATH
```

（7）刷新环境变量。

```
#source ~/.bashrc
```

（8）查看安装是否成功。

```
#arm-linux-gcc  -v
```

（9）编写 helloworld！程序，采用交叉编译进行编译。

```
#include <stdio.h>
int main(int argc, char *argv[])
{
    printf("helloworld !\n");
    return 0;
}
```

交叉编译：#arm-linux-gcc helloworld.c -o helloworld -static；

如果报错，提示没有发现 arm-linux-gcc，则证明没有使用软链接，需要在/usr/local/arm/4.6/bin 中添加软链接。

```
#cd  /usr/local/arm/4.6/bin
# ln -s arm-none-linux-gnueabi-gcc   arm-linux-gcc
```

在 Android 上运行程序必须用静态编译。

```
#arm-linux-gcc hello.c -o hello -static
```

6.4　U–Boot 编译

U-Boot 编译具体步骤如下。

（1）在根目录 root 下新建 U-Boot 目录。

```
#mkdir  /root/U-Boot
```

（2）在共享目录/mnt/hgfs/share/下复制 gec5260.uboot_linux.tar.bz2 到/root/U-Boot 中。

```
#cp  mnt/hgfs/share/gec5260.uboot_linux.tar.bz2  /root/U-Boot/
```

（3）解压压缩包。

```
#tar  jxvf  gec5260.uboot_linux.tar.bz2
```

（4）打开解压的压缩包文件。

```
cd  gec5260.uboot_linux
```

（5）编译根文件配置文件。

```
#make gec5260_config
```

（6）查看 Makefile 文件的交叉编译工具链的路径。

```
ifeq($(ARCH),arm)
CROSS_COMPILE=/usr/local/arm/4.1.2/bin/arm-none-linux-gnueabi-
```

（7）编译。

```
#make clean
#make gec2560_config
#make -j4
```

（8）查看当前路径生成的 uboot.bin 镜像文件。

6.5　U–Boot 移植

U-Boot 即 Universal Boot Loader,也称为通用的 BootLoader，遵循 GPL 协议的开放源代码项目。

"通用"是指可以引导多种操作系统（Linux、NetBSD、VxWorks、QNX、RTEMS、ARTOS、LynxOS 等）、支持多种架构的 CPU（PowerPC、MIPS、x86、ARM、NIOS、XScale 等）。

BootLoader 就是指在系统上电之后实现关闭 WATCHDOG、改变系统时钟、初始化存储控制器等的一段小程序。BootLoader 的实现根据平台和实现的功能需求不同而有不同的配置。这就需要我们针对不同的平台进行不同的 U-Boot 移植。

1. 修改延时时间

（1）打开配置的头文件 gec5260.h。

```
#vim include/configs/gec5260.h
```

（2）修改 213 行的 CONFIG_BOOTDELAY 时间。

```
#define CONFIG_BOOTDELAY  5
#define CONFIG_ZERO_BOOTDELAY_CHECK
```

（3）U-Boot 启动时，可以看到 BOOTDELAY 时间做了修改。

2. 修改主机的名字

（1）打开配置的头文件 gec5260.h。

```
#vim include/configs/gec5260.h
```

（2）修改 310 行的 CONFIG_SYS_PROMPT。

```
#define CONFIG_SYS_PROMPT        "Guangzhou University#"
```

（3）U-Boot 启动，按下任意键，可以看到修改的名字，如图 6-1 所示。

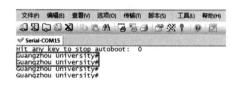

图 6-1　执行结果

3. 修改内存

Exynos5260 开发平台的核心板共有 4 块型号为 K4B4G1646Q-HYK0 的 DDR3 内存芯片。每块 512MB，共 2GB。

修改 ddr 参数，如图 6-2 所示。

```
#vim include/configs/gec5260.h
```

```
#define CONFIG_SYS_SDRAM_BASE        0x20000000
#define CONFIG_SYS_TEXT_BASE         0x43E00000
#define CONFIG_SPL_TEXT_BASE         0x02026000

#define CONFIG_NR_DRAM_BANKS    8
#define SDRAM_BANK_SIZE         (256UL << 20UL) /* 256 MB */
#define PHYS_SDRAM_1            CONFIG_SYS_SDRAM_BASE
#define PHYS_SDRAM_1_SIZE       SDRAM_BANK_SIZE
#define PHYS_SDRAM_2            (CONFIG_SYS_SDRAM_BASE + SDRAM_BANK_SIZE)
#define PHYS_SDRAM_2_SIZE       SDRAM_BANK_SIZE
#define PHYS_SDRAM_3            (CONFIG_SYS_SDRAM_BASE + (2 * SDRAM_BANK_SIZE))
#define PHYS_SDRAM_3_SIZE       SDRAM_BANK_SIZE
#define PHYS_SDRAM_4            (CONFIG_SYS_SDRAM_BASE + (3 * SDRAM_BANK_SIZE))
#define PHYS_SDRAM_4_SIZE       SDRAM_BANK_SIZE
#define PHYS_SDRAM_5            (CONFIG_SYS_SDRAM_BASE + (4 * SDRAM_BANK_SIZE))
#define PHYS_SDRAM_5_SIZE       SDRAM_BANK_SIZE
#define PHYS_SDRAM_6            (CONFIG_SYS_SDRAM_BASE + (5 * SDRAM_BANK_SIZE))
#define PHYS_SDRAM_6_SIZE       SDRAM_BANK_SIZE
#define PHYS_SDRAM_7            (CONFIG_SYS_SDRAM_BASE + (6 * SDRAM_BANK_SIZE))
#define PHYS_SDRAM_7_SIZE       SDRAM_BANK_SIZE
#define PHYS_SDRAM_8            (CONFIG_SYS_SDRAM_BASE + (7 * SDRAM_BANK_SIZE))
#define PHYS_SDRAM_8_SIZE (SDRAM_BANK_SIZE -                     \
                              CONFIG_TRUSTZONE_RESERVED_DRAM)
```

图 6-2　gec5260.h 修改参数

修改 dram_init_banksize 的大小，如图 6-3 所示。

```
#vim board/Samsung/gec5260/gec5260.c
```

```
void dram_init_banksize(void)
{
        gd->bd->bi_dram[0].start = PHYS_SDRAM_1;
        gd->bd->bi_dram[0].size = get_ram_size((long *)PHYS_SDRAM_1,
                                                      PHYS_SDRAM_1_SIZE);
        gd->bd->bi_dram[1].start = PHYS_SDRAM_2;
        gd->bd->bi_dram[1].size = get_ram_size((long *)PHYS_SDRAM_2,
                                                      PHYS_SDRAM_2_SIZE);
        gd->bd->bi_dram[2].start = PHYS_SDRAM_3;
        gd->bd->bi_dram[2].size = get_ram_size((long *)PHYS_SDRAM_3,
                                                      PHYS_SDRAM_3_SIZE);
        gd->bd->bi_dram[3].start = PHYS_SDRAM_4;
        gd->bd->bi_dram[3].size = get_ram_size((long *)PHYS_SDRAM_4,
                                                      PHYS_SDRAM_4_SIZE);
        gd->bd->bi_dram[4].start = PHYS_SDRAM_5;
        gd->bd->bi_dram[4].size = get_ram_size((long *)PHYS_SDRAM_5,
                                                      PHYS_SDRAM_5_SIZE);
        gd->bd->bi_dram[5].start = PHYS_SDRAM_6;
        gd->bd->bi_dram[5].size = get_ram_size((long *)PHYS_SDRAM_6,
                                                      PHYS_SDRAM_6_SIZE);
        gd->bd->bi_dram[6].start = PHYS_SDRAM_7;
        gd->bd->bi_dram[6].size = get_ram_size((long *)PHYS_SDRAM_7,
                                                      PHYS_SDRAM_7_SIZE);
        gd->bd->bi_dram[7].start = PHYS_SDRAM_8;
        gd->bd->bi_dram[7].size = get_ram_size((long *)PHYS_SDRAM_8,
                                                      PHYS_SDRAM_8_SIZE);
}
```

图 6-3　修改 gec5260.c 参数

修改 dmc 的初始化文件，如图 6-4 所示。

```
#vim board/Samsung/gec5260/dmc_init.c
```

```
if(nMEMCLK == 800) {
        rd_fetch        = 0x3;
        timingrow       = 0x6836650F;
        timingdata      = 0x3630580B;
        timingpower     = 0x41000A26;
        mr0 = 0x00000c70;
        mr2 = 0x00000018|(asr<<6);
} else if(nMEMCLK == 667) {
        rd_fetch = 0x2;
        timingrow       = 0x5725644D;
        timingdata      = 0x35305709;
        timingpower     = 0x39000826;
        mr0 = 0x00000a50;
        mr2 = 0x00000010|(asr<<6);
} else {            // default 800MHz
        rd_fetch = 0x3;
        timingrow       = 0x6836650F;
        timingdata      = 0x3630580B;
        timingpower     = 0x41000A26;
        mr0 = 0x00000c70;
        mr2 = 0x00000018|(asr<<6);
```

图 6-4　修改 dmc_init.c 参数

具体参数，根据自己的芯片修改，如图 6-5 所示。

Exynos5260 开发平台的核心板上电后显示可以看到 DRAM：2GiB。

```
U-Boot 2012.07 (Nov 11 2015 - 13:55:25) for GEC5260

CPU: Exynos5260 Rev1.1 [Samsung SOC on SMP Platform Base on ARM CortexA7]

Board: GEC5260
DRAM:  2 GiB
WARNING: Caches not enabled

TrustZone Enabled BSP
BL1 version: 20140605

PMIC: S2MPA01(REV1)
MIF: 1025mV    EGL: 1000mV      INT: 1025mV      G3D: 1000mV      KFC: 1000mV      DISP:1000mV
RTC_BUF: 0x13, WRSTBI: 0xfc
BUCK9: 0xd4
S2MPA01_INT1: 0xc
S2MPA01_INT2: 0x11
S2MPA01_INT3: 0x0
S2MPA01_STATUS1: 0x14
S2MPA01_STATUS2: 0x0
PWRONSRC: 0x2
OFFSRC: 0xc0
S2MPA01_RTC: 0x23
WTSR not detected
SMPL not detected

Checking Boot Mode ... EMMC
MMC:    S5P_MSHC0: 0, S5P_MSHC2: 1
MMC Device 0: 14.6 GiB
MMC Device 1: 3.6 GiB
MMC Device 2: MMC Device 2 not found
In:    serial
Out:   serial
Err:   serial
rst_stat : 0x10000
reboot mode=0x0
key info = [7, 7, 0]
home key info = [1, 1, 0]

MMC read: dev # 0, block # 103695, count 32768 ...
32768 blocks read: OK
completed
Hit any key to stop autoboot:  0
GEC5260 # ■
```

图 6-5　核心板上电显示结果

修改串口设置文件，如图 6-6 所示。

```
#vim include/configs/gec5260.h
```

```
/* select Serial console configuration */
#define CONFIG_SERIAL_MULTI
#define CONFIG_SERIAL1                    /* use SERIAL 2 */
#define CONFIG_BAUDRATE                   115200
```

图 6-6　串口设置文件修改

U-Boot 启动之后的环境参数设置。

输入 help：

```
Guanzhou University # help
?       - alias for 'help'
base    - print or set address offset
bdinfo  - print Board Info structure
boot    - boot default, i.e., run 'bootcmd'
bootd   - boot default, i.e., run 'bootcmd'
bootelf - Boot from an ELF image in memory
bootm   - boot application image from memory
bootvx  - Boot vxWorks from an ELF image
bootz   - boot Linux zImage image from memory
```

```
       charger    - Enter charging mode
       cmp        - memory compare
       coninfo    - print console devices and information
       cp         - memory copy
       crc32      - checksum calculation
       dnw        - dnw    - initialize USB device and ready to receive for
Windows server (specific)
       echo       - echo args to console
       editenv    - edit environment variable
       emmc       - Open/Close/Erase eMMC boot Partition
       env        - environment handling commands
       erase      - erase FLASH memory
       exit       - exit script
       ext2format - ext2format - disk format by ext2
       ext2load   - load binary file from a Ext2 filesystem
       ext2ls     - list files in a directory (default /)
       ext3format - ext3format - disk format by ext3
       false      - do nothing, unsuccessfully
       fastboot   - fastboot- use USB Fastboot protocol
       fatformat  - fatformat - disk format by FAT32
       fatinfo    - print information about filesystem
       fatload    - load binary file from a dos filesystem
       fatls      - list files in a directory (default /)
       fdisk      - fdisk - fdisk for sd/mmc.
       flinfo     - print FLASH memory information
       go         - start application at address 'addr'
       help       - print command description/usage
       iminfo     - print header information for application image
       imxtract   - extract a part of a multi-image
       itest      - return true/false on integer compare
       lcd        - control lcd for eDP and MIPI
       lcdon      - print environment variables
       loadb      - load binary file over serial line (kermit mode)
       loads      - load S-Record file over serial line
       loady      - load binary file over serial line (ymodem mode)
       loop       - infinite loop on address range
       md         - memory display
       memtester-
       +----------------------------------+
       | SAMSUNG Exynos memory port tester |
       +----------------------------------+
```

```
mm              - memory modify (auto-incrementing address)
mmc             - MMC sub system
mmcinfo         - display MMC info
movi            - movi - sd/mmc r/w sub system for SMDK board
mtest           - simple RAM read/write test
mw              - memory write (fill)
nm              - memory modify (constant address)
poweroff        - Perform Power Off of the CPU
printenv        - print environment variables
protect         - enable or disable FLASH write protection
reset           - Perform RESET of the CPU
run             - run commands in an environment variable
saveenv         - save environment variables to persistent storage
setenv          - set environment variables
showvar         - print local hushshell variables
sleep           - delay execution for some time
source          - run script from memory
test            - minimal test like /bin/sh
true            - do nothing, successfully
utshowicon      - utshowicon - utsetbacklight [x] x : 0[off] or 1[on]
uttext          - uttext   - uttext [your text]
uttext          - uttext [x] [y] [your text]
uttextcolor     - uttextcolor  - uttextcolor [R] [G] [B]
uttextcolorbg   - uttextcolorbg - uttextcolorbg [R] [G] [B]
version         - print monitor, compiler and linker version
Guanzhou University #
```

查看环境变量参数：

```
# printenv
```

保存环境变量：

```
# saveenv
```

6.6 编译内核

通过 Exynos5260 开发平台已经移植好的内核源码，了解内核源码的编译过程，进行交叉编译得出内核镜像。

编译内容步骤如下。

（1）在根目录 root 下新建 zImage 目录。

```
#mkdir  /root/zImage
```

（2）在共享目录/mnt/hgfs/share/下复制 linux-3.4.39-gec5260.tar.bz2 到/root/zImage 中。

```
#cp  mnt/hgfs/share/linux-3.4.39-gec5260.tar.bz  /root/zImage/
```

（3）解压压缩包。

```
#tar  jxvf  linux-3.4.39-gec5260.tar.bz
```

（4）打开解压的压缩包文件。

```
#cd  linux-3.4.39-gec5260
```

（5）复制已配置好的内核配置文件。

```
#cp  linux-2048x1536-config  .config
```

（6）查看 Makefile 文件的交叉编译工具链的路径。

```
ARCH          ?=arm
CROSS_COMPILE  ?=/usr/local/arm/4.1.2/bin/arm-none-linux-gnueabi-
```

（7）编译。

```
#make gec5260_defconfig
#make -j4
```

（8）查看当前路径 arch/arm/boot 生成的 zImage 镜像文件。

6.7　内核移植

本节将修改 Linux-3.4.39 内核，让其支持本书所使用的 Exynos5260 开发平台，并修改相关的触摸驱动、LCD 显示驱动、网络功能等。

U-Boot 引导之后，Linux 启动，它分为架构/开发板的引导过程、通用启动过程两大部分。一般的 ARM 架构处理都采用 vmlinux 的启动过程，因为 vmlinux 在压缩格式的内核在 Image 时，先进行自解压得到 vmlinux，然后执行 vmlinux。

引导阶段通常都使用汇编语言，实现了检查内核是否支持当前架构的处理器和支持当前的开发板。如果通过了检查，则为调用下一阶段的 start_kernel 函数做一些常规工作，如复制数据段、清除 BSS 段、调用 start_kernel 函数。

通用启动的过程主要以 C 语言编写，进行内核初始化的全部工作。

下面针对 Exynos5260 开发平台，做一些案例讲解。

1．触摸驱动移植

修改 driver/input/touchscreen/ft5x06_ts.c 文件。

```
#vim  driver/input/touchscreen/ft5x06_ts.c
```

修改 arch/arm/mach-exynos/board-mocha-t5260-input.c，如图 6-7 所示。

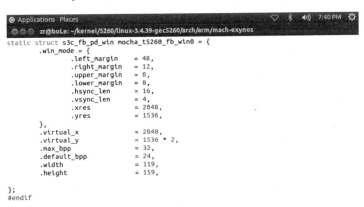

```
#if defined(CONFIG_TOUCHSCREEN_FT5X06)
#define GPIO_TSP_RESET          EXYNOS5260_GPA2(2)
#define GPIO_LEVEL_LOW          0

static void exynos5260_touch_init(void)
{
        int gpio;

        printk ("%s\n",__func__);
        /* TOUCH_RESET */
        gpio = GPIO_TSP_RESET;
        if (gpio_request(gpio, "TSP_RESET")) {
                pr_err("%s : TSP_RESET request port error\n", __func__);
        } else {
                s3c_gpio_cfgpin(gpio, S3C_GPIO_OUTPUT);
                gpio_direction_output(gpio, 0);
                mdelay(100);
                gpio_direction_output(gpio, 1);
                mdelay(100);
                gpio_direction_output(gpio, 0);
                gpio_free(gpio);
        }
}

struct s3c2410_platform_i2c i2c_data_touch  __initdata = {
                .bus_num        = 8,
                .flags          = 0,
                .slave_addr     = 0x70,
```

图 6-7　修改/board-mocha-t5260-input.c 参数

2. LCD 显示移植

修改 arch/arm/mach-exynos/board-mocha-t5260-display.c，如图 6-8 所示。

```
static struct s3c_fb_pd_win mocha_t5260_fb_win0 = {
        .win_mode = {
                .left_margin    = 48,
                .right_margin   = 12,
                .upper_margin   = 8,
                .lower_margin   = 8,
                .hsync_len      = 16,
                .vsync_len      = 4,
                .xres           = 2048,
                .yres           = 1536,
        },
        .virtual_x              = 2048,
        .virtual_y              = 1536 * 2,
        .max_bpp                = 32,
        .default_bpp            = 24,
        .width                  = 119,
        .height                 = 159,
};
#endif
```

图 6-8　修改/board-mocha-t5260-display.c 参数

3. 更改内核的启动 logo

替换 driver/video/logo 中的 logo_linux_clut224.ppm 图片。

```
#cp logo_linux_clut224.ppm   driver/video/logo/logo_linux_clut224.ppm
```

加入开发板 Guangzhou University。

为书写方便，简称为 GZU5260。

在 arch/arm/mach-exynos 文件夹下复制 mach-mocha-gec5260.c 为 GZU5260.c。

```
#cp mach-mocha-gec5260.c   GZU5260.c
```

更改 arch/arm/mach-exynos/GZU5260.c 的文件配置。

```
#vim arch/arm/mach-exynos/GZU5260.c
```

将 MACH-GEC5260 改为 GZU5260，如图 6-9 所示。

```
MACHINE_START(GZU5260, "GZU5260")
    .atag_offset    = 0x100,
    .init_early     = mocha_t5260_init_early,
    .init_irq       = exynos5_init_irq,
    .map_io         = mocha_t5260_map_io,
    .handle_irq     = gic_handle_irq,
    .init_machine   = mocha_t5260_machine_init,
    .timer          = &exynos4_timer,
    .restart        = exynos5_restart,
    .reserve        = exynos_reserve_mem,
```

图 6-9　修改 MACH-GEC5260 参数

现在这个文件的机器码为 GZU5260，应在 arch/arm/tools/mach-types 里增加机器码的定义，如图 6-10 所示。

```
#vim arch/arm/tools/mach-types
```

```
smdk5410        MACH_SMDK5410        SMDK5410        4151
smdk5420        MACH_SMDK5420        SMDK5420        8002
espresso3250    MACH_ESPRESSO3250    ESPRESSO3250    4157
espresso5260    MACH_ESPRESSO5260    ESPRESSO5260    3901
gec5260         MACH_MOCHA_GEC5260   GEC5260         3901
gzu5260         MACH_MOCHA_GUZ5260   GZU5260         3901
                                                     1180,1        底端
```

图 6-10　增加 mach-types 机器码

机器码为 3901。

注意：内核的机器码要与 U-Boot 的机器码一致。

修改开发板的配置文件，如图 6-11 所示。

```
#vim arch/arm/mach-exynos/Kconfig
```

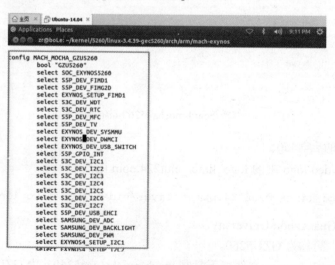

图 6-11　修改开发板的配置文件

修改 arch/arm/mach-exynos/Makfile 文件，如图 6-12 所示。

```
#vim arch/arm/mach-exynos/Makfile
```

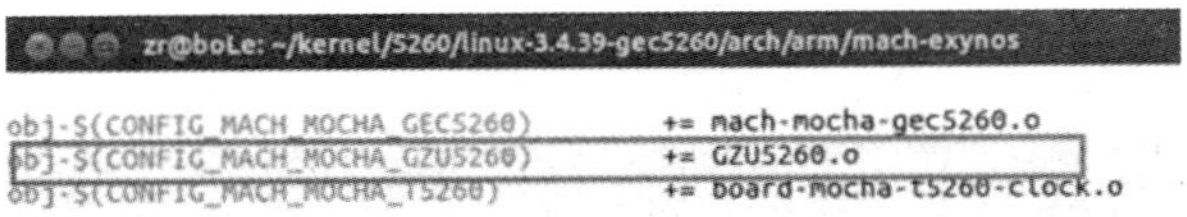

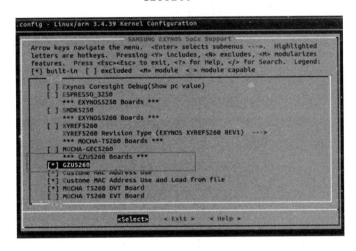

图 6-12　修改/Makfile 文件参数

在其中加入 MACH_MOCHA_GZU5260。

配置内核加入 GZU5260 开发平台的支持，如图 6-13 所示。

```
#make menuconfig
#System type --->
                SAMSUM EXYNOS SoCs Support --->
                        GZU5260
```

图 6-13　配置内核

```
#cp .config gec5260_config
#make -j4
```

烧写内核镜像到 Exynos5260 开发平台（可参考 3.2.5 节系统镜像烧写）。

6.8　Android 4.4.2 移植

1. 编译 Android 4.4.2 源码

（1）解压源码。

```
#sudo tar -xvf android_gec52600407.tar.gz -C ./
```

（2）cd （解压出来的目录）。

```
#cd . ./build/envsetup.sh
#lunch
```

执行完 lunch 会打印出选项，如图 6-14 所示。

```
work@lin:~/andorid/kitkat.t5260.full.dev$ lunch

You're building on Linux

Lunch menu... pick a combo:
    1. aosp_arm-eng
    2. aosp_x86-eng
    3. aosp_mips-eng
    4. vbox_x86-eng
    5. mini_armv7a_neon-userdebug
    6. full_mocha_t5260-eng
    7. full_mocha_t5260-userdebug
    8. full_mocha_t5260-user
```

图 6-14　执行后显示界面

（3）接着选择 6，如图 6-15 所示。

```
which would you like? [aosp_arm-eng] 6

============================================
PLATFORM_VERSION_CODENAME=REL
PLATFORM_VERSION=4.4.2
TARGET_PRODUCT=full_mocha_t5260
TARGET_BUILD_VARIANT=eng
TARGET_BUILD_TYPE=release
TARGET_BUILD_APPS=
TARGET_ARCH=arm
TARGET_ARCH_VARIANT=armv7-a-neon
TARGET_CPU_VARIANT=cortex-a15
HOST_ARCH=x86
HOST_OS=linux
HOST_OS_EXTRA=Linux-3.19.0-25-generic-x86_64-with-Ubuntu-14.04-trusty
HOST_BUILD_TYPE=release
BUILD_ID=KOT49H
OUT_DIR=out

work@lin:~/andorid/kitkat.t5260.full.dev$
```

图 6-15　选择 6 后的界面

（4）命令行输入：

make –j8

编译成功后生成镜像的位置：out\target\product\mocha_t5260 生成 system.img 和 ramdisk.img；这两个是升级的必需的文件。

2. WiFi 移植

对 Exynos5260 开发平台的源代码，都存放在 device/Samsung/gec5260 文件夹下。

以 WiFi 模块为案例，讲解 Android 底层开发中如何实现移植。

（1）wlan.ko 放在 device/samsung/gec5260/modules 下。

（2）修改 device/samsung/gec5260 下的设备文件 device.mk，如图 6-16 所示。

```
#vim device/samsung/gec5260/device.mk
```

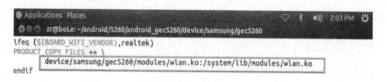

图 6-16　修改 device.mk 文件参数

（3）修改 device/samsung/gec5260/conf/的 WiFi 初始化（init.wifi.rc）文件，如图 6-17 和图 6-18 所示。

```
#vim device/samsung/gec5260/conf/init.wifi.rc
#vim device/samsung/gec5260/conf/init.gec5260.rc 文件
```

```
zr@boLe:~/android/5260/android_gec5260$ vim device/samsung/gec5260/conf/init.wifi.rc
import init.rdabt.rc

on post-fs

on post-fs-data

    setprop wifi.interface "wlan0"
    setprop wifi.p2pinterface "p2p0"
# bluetooth power up/down interface
    chown bluetooth bluetooth ro.bt.bdaddr_path
    setprop ro.bt.bdaddr_path "/data/misc/bluetooth/bt_addr"
    chmod 0775 /data/misc/bluetooth/bt_addr
    chmod 0775 /data/misc/bluetooth/

    chown bluetooth bluetooth /dev/ttySAC0
    chmod 0666 /dev/ttySAC0
    chmod 0660 /sys/class/rfkill/rfkill0/state
    chown bluetooth bluetooth /sys/class/rfkill/rfkill0/state
    chown bluetooth bluetooth /sys/class/rfkill/rfkill0/type


# for wifi

    mkdir /data/misc/wifi 0770 wifi wifi
    mkdir /data/misc/wifi/sockets 0770 wifi wifi
    mkdir /data/misc/dhcp 0770 dhcp dhcp
    chown dhcp dhcp /data/misc/dhcp
```

图 6-17　修改 init.wifi.rc 文件参数

```
zr@boLe:~/android/5260/android_gec5260$ vim device/samsung/gec5260/conf/init.gec5260.rc
import init.gec5260.usb.rc
import init.gec5260.debugext.rc
import init.wifi.rc
```

图 6-18　修改 init.gec5260.rc 文件参数

第 7 章

Linux 设备驱动开发

7.1 Linux 驱动程序的基本知识

设备驱动程序是操作系统内核和硬件设备之间的接口，驱动程序是内核的一部分，实现了驱动程序的注册和注销、设备的打开和释放、设备的读写操作、设备的中断和轮询处理等。

Linux 的外设可以分为三类：字符设备（Character Device）、块设备（Block Device）和网络设备（Network Interface）。

（1）字符设备是指在 I/O 传输过程中以字符为单位进行传输的设备，如键盘、打印机等。

（2）块设备将信息存储在固定大小的块中，每个块都有自己的地址。数据块的大小通常在 512～32768B 之间。块设备的基本特征是每个块都能独立于其他块而读写。

（3）网络设备同时具有字符设备、块设备的部分特点，但是无法将它归入这两类中。网络设备的输入/输出是有结构的、成块的，但它的"块"又不是固定大小的。UNIX 式的操作系统访问网络接口方法是给它们分配唯一的名字（如 eth0），但这个名字在文件系统中（如/dev 目录下）不存在对应的节点。应用程序、内核和网络设备驱动程序之间有一套专用的通信方式的函数。

实现一个嵌入式 Linux 设备驱动程序的大致流程如下。

（1）查看原理图，理解设备的工作原理。

（2）定义主设备号。设备一般由一个主设备号和一个次设备号来标识。主设备号唯一标识了设备类型，即设备驱动程序类型，它是块设备表或字符设备表中设备表项的索引。次设备仅由设备驱动程序解释，目的是区分被一个设备驱动控制下的某个独立的设备。

（3）实现初始化函数。在驱动程序中实现驱动的注册和卸载。

（4）设计所要实现的操作，如 open、close、read、write 等函数。

（5）实现中断服务（并不是每个设备驱动都需要中断），通过 request-irq 向内核注册。

（6）编译该驱动程序到内核中，或者用 insmod 命令加载。

针对该驱动程序，编写相应的应用程序，对驱动程序进行测试。

7.2 Linux device driver 的概念

系统调用是操作系统内核和应用程序之间的接口，设备驱动程序是操作系统内核和机器硬件之间的接口。设备驱动程序为应用程序屏蔽了硬件的细节，这样在应用程序看来，硬件设备只是一个设备文件，应用程序可以像操作普通文件一样对硬件设备进行操作。设备驱动程序是内核的一部分，它完成以下功能。

（1）对设备初始化和释放。

（2）把数据从内核传送到硬件和从硬件读取数据。

（3）读取应用程序传送给设备文件的数据和回送应用程序请求的数据。

（4）检测和处理设备出现的错误。

7.3 Linux 内核模块 helloworld

1. helloworld.c 驱动完整代码

```
/*************************声明包含所需要的头文件******************/
#include <linux/kernel.h> // kernel.h 头文件是所有驱动需要的头文件
#include <linux/module.h>// module.h 头文件包含了许多内核函数如 printk（）
/*************************初始化函数具体定义********************/
static int __init exynos5260_hello_module_init(void) //定义了一个整形的
静态初始化函数
{
    printk("Hello, Exynos5260 module is installed !\n");
    return 0;
}
/*************************退出函数具体定义********************/
static void __exit exynos5260_hello_module_cleanup(void)//卸载
{
    printk("Good-bye, Exynos5260 module was removed!\n");
}
/*************************驱动有关声明********************/
module_init(exynos5260_hello_module_init);
//内核函数指明了 exynos5260_hello_module_init 函数要在加载驱动时执行
module_exit(exynos5260_hello_module_cleanup);
//内核函数指明了 exynos5260_hello_module_cleanup 函数要在卸载驱动时执行
MODULE_LICENSE("GPL");
//该驱动符合开源 GPL 协议，读者可以得到这个驱动代码，读者修改后也要遵守 GPL 协议
```

上述驱动函数分成四部分讲解：头文件、初始化函数模块 exynos5260_hello_module_init、退出函数模块 exynos5260_hello_module_cleanup、模块声明。

2．编写 Makefile 文件

```
CONFIG_MYCHAR_DEV ?=m
ifneq ($(KERNELRELEASE),)
    hello -objs:=hello.o
    obj-$(CONFIG_MYCHAR_DEV)+=hello.o
else

PWD :=$(shell pwd)        //指定编译好的驱动放在当前路径
KERN_VER = $(shell uname -r)
KERN_DIR = /root/linux-3.5  //指定内核源代码路径

modules:
        $(MAKE) -C $(KERN_DIR) M=$(PWD) modules
endif
clean:
        rm -rf *.o *~core .depend *.cmd *.ko *.mod.c *.tmp_versions
```

3．编译运行

在 Ubuntu 下建立目录/root/hello_test/，将上述编写的文件 hello.c 和 Makefile 复制到该目录下，在 Ubuntu 终端上输入 make 命令，即可生成目标文件 hello.ko。将 hello.ko 下载到/tmp/下，在 Exynos5260 开发平台终端输入：

```
#insmod hello.ko
Hello, Exynos5260 module is installed !
#lsmod |grep hello
hello        605 0
#rmmod hello
Good-bye, Exynos5260 module was removed!
```

注意：若在向内核加入模块时发现 insmod: error inserting 'hello.ko': -1 invalid module format，应检查 KERNELDIR 与当前系统的内核版本是否一致。

7.4 驱动程序中编写 ioctl 函数供应用程序调用

1．驱动结构体

```
static struct file_operations hello_fops = {
.owner = THIS_MODULE,
.ioctl=hello_ ioctl,
.open = hello_open, //外部测试调用 open 打开设备文件时触发
.release = hello_close, //外部调用 close 时触发
.read = hello_read, //外部 read 时触发
```

```
.write = hello_write, //外部 write 时触发
};
```

"owner=THIS_MODULE"这一行表示驱动所有者为驱动模块本身，在结构体中必须把供应用程序所调用的函数登记下来，".ioctl=hello_ioctl"这一行登记了 hello_ioctl 函数，在应用程序中只需使用 ioctl 名称即可。

2．ioctl 函数

ioctl 方法主要对设备进行控制，驱动函数中 ioctl 函数如下所述。

```
int (*ioctl) (struct inode *inode, struct file *filp, unsigned int cmd,
unsigned long arg)
```

参数：

（1）inode 和 file：应用程序的文件描述符 fd 对应于驱动的 inode 和 file 两个指针，fd 是打开设备文件的文件描述符。

（2）cmd：用户程序对设备的控制命令，具体的命令实现内容由驱动程序完成。

（3）arg：一般没有可选参数，用 NULL 代替。

应用程序中调用 icotl 函数的原型为：

```
int ioctl(inf fd,int cmd,NULL)
```

3．设备号

Linux 中的设备有两种类型：字符设备和块设备。每个字符设备和块设备都必须有主、次设备号，主设备号相同的设备是同类设备（使用同一个驱动程序）。在这些设备中，有些设备是对实际存在的物理硬件的抽象，而有些设备则是内核自身提供的功能（不依赖于特定的物理硬件，又称为虚拟设备）。每个设备在 /dev 目录下都有一个对应的文件（节点），可以通过 cat/proc/devices 命令查看当前已经加载的设备驱动程序的主设备号。内核能够识别的所有设备都记录在原码树下的 documentation / devices.txt 文件中。

ls -l /dev/rfd0 /dev/fd0 命令查看。

```
#ls -l /dev/rfd0 /dev/fd0

brw-r-----  9 root operator 2, 0 nov 12 13:32 /dev/fd0

crw-r-----  9 root operator 9, 0 nov 12 13:32 /dev/rfd0
```

可以看到原来显示文件大小的地方，现在改为显示两个用逗号分隔的数字。这是系统用来表示设备的两个重要的序号。第一个为主设备号（major number），用来表示设备使用的硬件驱动程序在系统中的序号；第二个为从设备号（minor number）。

驱动程序的注册可使用 register_chrdev 函数获得一个字符型设备的主设备号。

register_chrdev 函数原型如下。

```
int register_chrdev(unsigned int major,const char *name,struct
file_operations *fops);
```

major 是申请的主设备号，name 是设备文件名，将要在文件/proc/devices 中出现。fops

是为了方便将设备文件的路径作为设备文件的名称，也是取得驱动结构体的入口地址。

驱动程序的卸载可使用 unregister_chrdev 函数注销字符型设备所取得的设备号。unregister_chrdev 函数原型如下。

```
int unregister_chrdev(unsigned int major, const char *name);
```

major 是驱动的主设备号，name 是驱动设备名称，major 和 name 这两个参数务必与 register_chrdev 函数中的值保持一致，否则该调用失败。

7.5　嵌入式 Linux 下 LED 驱动程序设计

设计一个字符设备驱动程序，主要通过 ioctl 函数实现 LED 灯的关闭和打开。

1．硬件电路图设计

LED 控制电路原理图如图 7-1 所示。

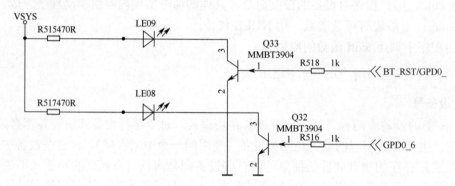

图 7-1　LED 控制电路原理图

2．寄存器介绍

寄存器简介见表 7-1 至表 7-9（对应并遵照芯片官方数据手册）。

表 7-1　GPX0CON 寄存器

6.4.2.216 GPX0CON

Base Address 0x1160_0000

Address = Base Address +0x0C00, Reset Value = 0x0000_0000

Name	Bit	Type	Description	Reset Value
GPX0CON[0]	[3:0]	RW	0x0 = Input, 0x1 = Output, 0x2 = Reserved, 0x3 = Reserved, 0x4 = Reserved, 0x5 = ALV_TCK, 0x6 = MFC_TCK, 0x7 to 0xE = Reserved, 0xF =　EXT_INT40[0]	0x00

表 1-2   GPX1CON 寄存器

6.4.2.220 GPX1CON

Base Address 0x1160_0000

Address = Base Address +0x0C20, Reset Value = 0x0000_0000

Name	Bit	Type	Description	Reset Value
GPX1CON[3]	[15:12]	RW	0x0 = Input, 0x1 = Output, 0x2 = Reserved, 0x3 = Reserved, 0x4 = TraceData[3], 0x5 = ALV_DBG[7], 0x6 to 0xE = Reserved, 0xF = EXT_INT41[3]	0x00

表 7-3   GPD0CON 寄存器

6.4.2.55 GPD0CON

Base Address 0x1160_0000

Address = Base Address +0x0120, Reset Value = 0x0000_0000

Name	Bit	Type	Description	Reset Value
GPD0CON[6]	[27:24]	RW	0x0 = Input, 0x1 = Output, 0x2 = Reserved, 0x3 = Reserved, 0x4 = Reserved, 0x5 = Reserved, 0x6 to 0xE = Reserved, 0xF = EXT_INT20[6]	0x00
GPD0CON[0]	[3:0]	RW	0x0 = Input, 0x1 = Output, 0x2 = Reserved, 0x3 = Reserved, 0x4 = Reserved, 0x5 = Reserved, 0x6 to 0xE = Reserved, 0xF = EXT_INT20[0]	0x00

GPX0CON 为 GPIO 端口引脚功能控制寄存器, 每个引脚占 4 位, 例如, GPX0CON [0] 设置为输出功能时, GPM0CON [0]=0001。

GPX1CON 为 GPIO 端口引脚功能控制寄存器, 每个引脚占 4 位, 例如, GPX1CON [3] 设置为输出功能时, GPX1CON [3]=0001。

GPD0CON 为 GPIO 端口引脚功能控制寄存器, 每个引脚占 4 位, 例如, GPD0CON [0] 设置为输出功能时, GPD0CON [0]=0001。

在表 7-4 中，GPX0DAT [7:0]寄存器对应 GPX0 引脚，当 GPX0 设置为输入/输出功能时，GPX0DAT 相应的位对应 GPX0 引脚的状态。当引脚设置为其他功能时，引脚的状态值是未知的。

表 7-4　GPX0DAT 寄存器

6.4.2.217 GPX0DAT

Base Address 0x1160_0000

Address = Base Address +0x0C04, Reset Value = 0x0000_0000

Name	Bit	Type	Description	Reset Value
RSVD	[31:8]	-	Reserved	-
GPX0DAT[7:0]	[7:0]	RWX	When the port is configured as input port, the corresponding bit is the pin state. When the port is configured as output port, the pin state is the same as the corresponding bit, When the port is configured as functional pin, the undefined value will be read.	0x00

在表 7-5 中，GPX1DAT [7:0]寄存器对应 GPX1 引脚，当 GPX1 设置为输入/输出功能时，GPX1DAT 相应的位对应 GPX1 引脚的状态。当引脚设置为其他功能时，引脚的状态值是未知的。

表 7-5　GPX1DAT 寄存器

6.4.2.221 GPX1DAT

Base Address 0x1160_0000

Address = Base Address +0x0C24, Reset Value = 0x0000_0000

Name	Bit	Type	Description	Reset Value
RSVD	[31:8]	-	Reserved	-
GPX1DAT[7:0]	[7:0]	RWX	When the port is configured as input port, the corresponding bit is the pin state. When the port is configured as output port, the pin state is the same as the corresponding bit, When the port is configured as functional pin, the undefined value will be read.	0x00

在表 7-6 中，GPD0DAT [7:0]寄存器对应 GPX1 引脚，当 GPD0 设置为输入/输出功能时，GPD0DAT 相应的位对应 GPD0 引脚的状态。当引脚设置为其他功能时，引脚的状态值是未知的。

表 7-6　GPD0DAT 寄存器

6.4.2.56 GPD0DAT

Base Address 0x1160_0000

Address = Base Address +0x0124, Reset Value = 0x0000_0000

Name	Bit	Type	Description	Reset Value
RSVD	[31:8]	-	Reserved	-

Name	Bit	Type	Description	Reset Value
GPD0DAT[7:0]	[7:0]	RWX	When the port is configured as input port, the corresponding bit is the pin state. When the port is configured as output port, the pin state is the same as the corresponding bit, When the port is configured as functional pin, the undefined value will be read.	0x00

在表 7-7 中，GPX0PUD 寄存器用于设置 GPX0 引脚的上拉电阻或下拉电阻的使能。

表 7-7　GPX0PUD 寄存器

6.4.2.218 GPX0PUD

Base Address 0x1160_0000

Address = Base Address +0x0C08, Reset Value = 0x5555

Name	Bit	Type	Description	Reset Value
GPX0PUD[n]	[2n + 1:2n] n = 0 to 7	RW	0x0 = Pull-up/down disabled, 0x1 = Pull-down enabled, 0x2 = Reserved, 0x3 = Pull-up enabled	0x5555

在表 7-8 中，GPX1PUD 寄存器用于设置 GPX1 引脚的上拉电阻或下拉电阻的使能。

表 7-8　GPX1PUD 寄存器

6.4.2.222 GPX1PUD

Base Address 0x1160_0000

Address = Base Address +0x0C28, Reset Value = 0x5555

Name	Bit	Type	Description	Reset Value
GPX1PUD[n]	[2n + 1:2n] n = 0 to 7	RW	0x0=Pull-up/down disabled, 0x1 = Pull-down enabled, 0x2 = Reserved, 0x3 = Pull-up enabled	0x5555

在表 7-9 中，GPD0PUD 寄存器用于设置 GPX1 引脚的上拉电阻或下拉电阻的使能。

表 7-9　GPD0PUD 寄存器

6.4.2.57 GPD0PUD

Base Address 0x1160_0000

Address = Base Address +0x0128, Reset Value = 0x0000_5555

Name	Bit	Type	Description	Reset Value
RSVD	[31:8]	-	Reserved	-
GPD0DAT[n]	[2n + 1:2n] n= 0 to 7	RWX	When the port is configured as input port, the corresponding bit is the pin state. When the port is configured as output port, the pin state is the same as the corresponding bit, When the port is configured as functional pin, the undefined value will be read.	0x5555

3. 驱动程序设计

（1）驱动程序的完整源代码如下。

```
/***************************声明包含头文件********************************/
#include <linux/kernel.h>
#include <linux/module.h>
#include <linux/miscdevice.h>
#include <linux/fs.h>
#include <linux/types.h>
#include <linux/moduleparam.h>
#include <linux/slab.h>
#include <linux/ioctl.h>
#include <linux/cdev.h>
#include <linux/delay.h>
#include <mach/gpio.h>
#include <mach/regs-gpio.h>
#include <plat/gpio-cfg.h>
#include <linux/gpio.h>
#define DEVICE_NAME "Led"//定义设备的名字
struct led {
    int gpio;
    char *name;
};
static struct led led_gpios[] = {
    {EXYNOS5260_GPD0(6),"led3"},
    {EXYNOS5260_GPD0(1),"led4"},
};
#define LED_NUM     2              //ARRAY_SIZE(led_gpios)
#define TEST_MAX_NR   2                //定义命令的最大序数
#define TEST_MAGIC    'x'             //定义幻数
/************************打开LED驱动设备****************************/
static int led_open(struct inode *inode, struct file *filp)
{
    printk(DEVICE_NAME ":open\n");
    return 0;
}
/***************************icotl控制LED**************************/
static long gec5260_leds_ioctl(struct file *filp, unsigned int cmd,
unsigned long arg)
{
printk("led_num = %d \n", LED_NUM);
if(_IOC_TYPE(cmd) != TEST_MAGIC)
return - EINVAL;
```

```
    if(_IOC_NR(cmd) > TEST_MAX_NR)
    return - EINVAL;
    gpio_set_value(led_gpios[_IOC_NR(cmd)].gpio, arg);
    printk(DEVICE_NAME": %d %lu\n", _IOC_NR(cmd), arg);
    return 0;
    }
    /********************************************************************/
    static struct file_operations gec5260_led_dev_fops = {
        .owner          = THIS_MODULE,
        .open           = led_open,
        .unlocked_ioctl    = gec5260_leds_ioctl,
    };
    /********************************************************************/
    static struct miscdevice gec5260_led_dev = {
        .minor  = MISC_DYNAMIC_MINOR,
        .name   = DEVICE_NAME,
        .fops   = &gec5260_led_dev_fops,
    };
    /********************************************************************/
    static int __init gec5260_led_dev_init(void) {
        int ret, i;
        for (i = 0; i < LED_NUM; i++) {
            ret = gpio_request(led_gpios[i].gpio, led_gpios[i].name);
            if (ret) {
        printk("%s: request  GPIO  %d  for  LED  failed,  ret  =  %d\n",
led_gpios[i].name, led_gpios[i].gpio, ret);
            return ret;
            }
            s3c_gpio_cfgpin(led_gpios[i].gpio, S3C_GPIO_OUTPUT);
            gpio_set_value(led_gpios[i].gpio, 0);
        }
        ret = misc_register(&gec5260_led_dev);
        if(ret == 0)
            printk(DEVICE_NAME"\t initialized \n");
        else
            printk((DEVICE_NAME"\t initialization failed !!!\n");
        return ret;
    }
    /********************************************************************/
    static void __exit gec5260_led_dev_exit(void) {
        int i;
        for (i = 0; i < LED_NUM; i++) {
```

```
            gpio_free(led_gpios[i].gpio);
        }
    misc_deregister(&gec5260_led_dev);
}
/************************************************************/
module_init(gec5260_led_dev_init);//驱动入口函数
module_exit(gec5260_led_dev_exit);//驱动退出释放函数
/************************************************************/
MODULE_LICENSE("GPL");//遵循的协议
MODULE_AUTHOR("Gec ZhuoRui");//作者
```

（2）Makefile 文件如下。

```
obj-m += led.o          //m-->将驱动编程成一个 module
KERNEL_DIR := /home/gec/kernel.t5260.dev  //内核源码的目录
PWD := $(shell pwd)  //调用 shell 命令 pwd，找到当前目录，即 Makefile 文件的目录
//先去内核源码的顶层目录下根据 Makefile 编译，然后回到当前目录下，将源文件编译成
//一个 module
modules:
    $(MAKE) -C $(KERNEL_DIR) M=$(PWD) modules
clean:
    $(MAKE) -C $(KERNEL_DIR) M=$(PWD) modules clean
```

（3）应用程序完整代码 Led_test.c 如下。

```
#include <stdio.h>
#include <fcntl.h>
#include <sys/ioctl.h>

#define TEST_MAGIC 'x' //定义幻数
#define TEST_MAX_NR 2 //定义命令的最大序数

#define LED1 _IO(TEST_MAGIC, 0)
#define LED2 _IO(TEST_MAGIC, 1)
#define LED3 _IO(TEST_MAGIC, 2)
#define LED4 _IO(TEST_MAGIC, 3)int main(int argc, char **argv)

int main(int argc, char **argv)
{
    int fd,val;
    fd=open("/dev/Led",O_RDWR);
    if(fd<0)
    {
        perror("Can not open /dev/Led\n");
        return 0;
```

```
    }
    while(1)
    {
        val = 0;
        printf("***************************************** \n");
        printf("please select which light to turn on\n");
        printf("1 ->1:on\t 2 ->1:off\t 3 ->2:on 4 ->2:off \n");
        printf("***************************************** \n");
        scanf("%d",&val);
        while(val == 0)
        {
            printf("***************\n");
            scanf("%d",&val);
        }
        switch(val)
        {
            case 1: ioctl(fd,LED1 ,1);//1 灯亮
                break;
            case 2: ioctl(fd,LED1,0);//1 灯灭
                break;
            case 3: ioctl(fd,LED2,1);//2 灯亮
                break;
            case 4: ioctl(fd,LED2,0);//2 灯灭
                break;
            default: close(fd);
                return 0;
        }           default: close(fd);
                return 0;
        }
    }
 return 0;
 }
```

（4）应用程序的 Makefile 如下。

```
#
#  General Makefile
Exec := led_test
Obj := led_test.c
CC := arm-linux-gcc  //根据读者自身实际交叉编译工具确定
$(Exec) : $(Obj)
    $(CC) -o $@ $(Obj) $(LDLIBS$(LDLIBS-$(@)))
clean:
    rm -vf $(Exec) *.elf *.o
```

4．实验步骤

在 Ubuntu 上建立目录/root/led_test/driver_code/，将上述的 LED 驱动源文件和驱动 Makefile 文件复制到该目录下，并在 Ubuntu 终端中执行 make，得到的目标文件 led_drv.ko。然后把 led_drv.ko 加载到 Exynos5260 开发平台终端的/tmp 目录下。

```
#insmod led_drv.ko
#lsmod |grep led_drv
led_drv     739 0
```

在 Ubuntu 上建立目录/root/led_test/led_app/，将上述的 LED 测试程序源文件和测试程序 Makefile 文件复制到该目录下，并在终端中执行 make，将得到的 led_test 加载到目标板/tmp 目录下。

```
#./led_test 1 on
```

7.6 嵌入式 Linux 下的按键中断实验

设计一个字符设备驱动程序，主要通过终端函数实现相应的功能。

1．硬件电路图设计

按键电路原理图如图 7-2 所示。

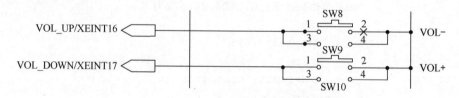

图 7-2　按键电路原理图

2．寄存器简介

GPX2 包含 4 个寄存器用于控制 I/O 端口的功能，包括 GPX2CON、GPX2DAT、GPX2DRV、GPX2PUD。

GPX2CON 用于设置 GPX2 的功能，见表 7-10。例如，GPX2CON[0:3]为 0b0000 时 GPX2[0] 作为输入端口；GPX2CON[0:3]为 0b0001 时 GPX2[0] 作为输出端口；GPX2CON[0:3]为 0b0010 时为保留未用；GPX2CON[0:3]为 0b0011 时作为按键的列；GPX2CON[0:3]为 0b0011~0b1110 时为保留未使用；GPX2CON[0:3]为 0b1111 时 GPX2[0] 作为外部中断使用。

GPX2DAT[7:0]：当 GPX2CON 将 GPH2 设置成输入模式时，GPX2DAT 相应的位对应引脚的状态；当 GPX2CON 将 GPX2 设置成输出模式时，GPX2DAT 相应的位和引脚的状态一致；当 GPX2CON 将 GPX2 设置成其他功能模式时，GPX2DAT 相应的位的状态是未知的。GP×2DAT 寄存器简介见表 7-11。

表 7-10　GPX2CON 寄存器

6.4.2.224 GPX2CON

Base Address 0x1160_0000

Address = Base Address +0x0C40, Reset Value = 0x0000_0000

Name	Bit	Type	Description	Reset Value
GPX2CON[1]	[7:4]	RW	0x0 = Input, 0x1 = Output, 0x2 = Reserved, 0x3 = Reserved, 0x4 = Reserved, 0x5 = ALV_TCK, 0x6 = MFC_TCK, 0x7 to 0xE = Reserved, 0xF = EXT_INT42[1]	0x00
GPX2CON[0]	[3:0]	RW	0x0 = Input, 0x1 = Output, 0x2 = Reserved, 0x3 = Reserved, 0x4 = Reserved, 0x5 = ALV_TCK, 0x6 = MFC_TCK, 0x7 to 0xE = Reserved, 0xF = EXT_INT42[0]	0x00

表 7-11　GPX2DAT 寄存器

6.4.2.225 GPX2DAT

Base Address 0x1160_0000

Address = Base Address +0x0C44, Reset Value = 0x00

Name	Bit	Type	Description	Reset Value
RSVD	[31:8]	-	Reserved	-
GPX2DAT[7:0]	[7:0]	RWX	When the port is configured as input port, the corresponding bit is the pin state. When the port is configured as output port, the pin state is the same as the corresponding bit, When the port is configured as functional pin, the undefined value will be read.	0x00

　　GPX2PUD 用于设置 GPX2 I/O 端口的上拉电阻，其简介见表 7-12。0b00 禁止上拉/下拉电阻；0b01 禁止下拉电阻；0b10 禁止上拉电阻；0b11 保留未使用。

表 7-12 GPX2PUD 寄存器

6.4.2.226 GPX2PUD

Base Address 0x1160_0000

Address = Base Address +0x0C48, Reset Value = 0x5555

Name	Bit	Type	Description	Reset Value
GPX2PUD[n]	[2n + 1:2n] n = 0 to 7	RW	0x0 = Pull-up/down disabled, 0x1 = Pull-down enabled, 0x2 = Reserved, 0x3 = Pull-up enabled	0x5555

3．实验原理

该驱动设计为一个字符设备。两个 GPIO 引脚设置为外部中断引脚，双边沿触发（上升沿和下降沿均触发信号）。向系统注册的两个中断，调用共同的中断处理函数。当有键被按下时，在中断中查询引脚状态，以确定是哪个 GPIO 引脚被按下。

注册中断处理函数，驱动程序可以通过下面的函数注册并激活一个中断处理程序，以便中断。

```
int request_irq(unsigned int irq, irqreturn_t (*handler)(int, void *,
struct pt_regs *),
    unsigned long irq_flags, const char * devname, void *dev_id)
```

第一个参数 irq 表示要分配的中断号。对某些设备，如传统 PC 设备上的系统时钟或键盘，这个值通常是预先设定的。而对于大多数其他设备来说，这个值要么是可以通过探测获取，要么可以动态确定。

第二个参数 handler 是一个指针，指向处理这个中断的实际中断处理程序。只要操作系统一接收到中断，该函数就被调用。要注意，handler 函数的原型是特定的——它接受三个参数，并有一个类型为 irqreturn_t 的返回值。我们将在本章后面的部分讨论这个函数。

第三个参数 irqflags 可能为 0，也可能是下列一个或多个标志的位掩码。

IRQF_DISABLED：此标志表明给定的中断处理程序是一个快速中断处理程序（fast interrupt handler）。过去，Linux 将中断处理程序分为快速和慢速两种。那些可以迅速执行但调用频率可能会很高的中断服务程序会被贴上这样的标签。通常这样做需要修改中断处理程序的行为，使它们能够尽可能快地执行。现在，加不加此标志的区别只剩下一条了：在本地处理器上，快速中断处理程序在禁止所有中断的情况下运行。这使得快速中断处理程序能够不受其他中断干扰，得以迅速执行。而在默认情况下（没有这个标志），除正在运行的中断处理程序对应的那条中断线被屏蔽外，其他所有中断都是激活的。除时钟中断外，绝大多数中断都不使用标志。

IRQF_SAMPLE_RANDOM：此标志表明这个设备产生的中断对内核熵池（entropy pool）有贡献。内核熵池负责提供从各种随机事件导出的真正的随机数。如果指定了该标志，那么来自该设备的中断间隔时间就会作为熵填充到熵池。如果设备以预知的速率产生中断（如系统定时器），或者可能受外部攻击者（如联网设备）的影响，那么就不要设置这个标志。相反，有其他很多硬件产生中断的速率是不可预知的，所以都能成为一种较好的熵源。

IRQF_SHARED：此标志表明可以在多个中断处理程序之间共享中断线。在同一个给定线上注册的每个处理程序必须指定这个标志，否则在每条线上只能有一个处理程序。有关共享中断处理程序的更多信息将在后面提供。

第四个参数 devname 是与中断相关的设备的 ASCII 文本表示法。例如，PC 上键盘中断对应的这个值为"keyboard"。这些名字会被/proc/irq 和/proc/interrupt 文件使用，以便与用户通信。

第五个参数 dev_id 主要用于共享中断线 request_irq()，成功执行会返回 0。如果返回非 0 值，就表示有错误发生，在这种情况下，指定的中断处理程序不会被注册。最常见的错误是-EBUSY，它表示给定的中断线已经在使用（或者当前用户或者你没有指定 SA_SHIRQ）。

释放中断处理线，可以调用 void free_irq(unsigned int irq, void *dev_id)。

中断处理程序的返回值是一个特殊类型：irqreturn_t。中断处理程序可能返回两个特殊的值：IRQ_NONE 和 IRQ_HANDLED。

内核定时器的使用。

定时器由结构 time_list 表示，定义在文件<linux/timer.h>中。

```
struct timer_list {
struct list_head entry;                      /*包含定时器的链表*/
unsigned long expires;                       /*以 jiffies 为单位的定时值*/
spinlock_t lock;                             /*保护定时器的锁*/
void (*function)(unsigned long);             /*定时器处理函数*/
unsigned long data;                          /*传给处理函数的长整型参数*/
struct tvec_t_base_s *base;                  /*定时器内部值，用户不要使用*/
};
```

幸运的是，使用定时器并不需要深入了解该数据结构。事实上，过深的陷入该结构，反而会使你的代码不能保证对可能发生的变化提供支持。内核提供了一组与定时器相关的接口来简化管理定时器的操作。所有这些接口都声明在文件<linux/timer.h>中，大多数接口在文件 kernel/timer.c 中获得实现。

创建定时器时需要先定义它：

```
struct timer_list my_timer;
```

接着需要通过一个辅助函数初始化定时器数据结构的内部值，初始化必须在使用其他定时器管理函数对定时器进行操作前完成。

```
Init_timer(&my_timer);
```

现在你可以填充结构中需要的值了：

```
my_timer.expires=jiffies+delay;              /*定时器超时的节拍数*/
```

```
my_timer.data=0;                          /*给定时器处理函数传入 0 值*/
my_timer.function=my_function;            /*定时器超时时调用的函数*/
```

my_timer.expires 表示超时时间，它是以节拍为单位的绝对计数值。如果当前 jiffies 计数大于或等于 my_timer.expires，那么 my_timer.function 指向的处理函数就会开始执行，另外该函数还要使用长整型参数 my_timer.data。所以正如我们从 timer_list 结构看到的形式，处理函数必须符合下面的函数原形。

```
void my_timer_function (unsigned long data);
```

data 参数使你可以利用同一个处理函数注册多个定时器，只需通过该参数就能区别对待它们。如果不需要这个参数，可以简单地传递 0（或任何其他值）给处理函数。

最后，必须激活定时器。

```
add_timer(&my_timer);
```

有时可能需要更改已经激活的定时器超时时间，所以内核通过函数 mod_timer() 来实现该功能，该函数可以改变指定的定时器超时时间。

```
mod_timer (&my_timer,jiffies+mew_delay);
```

mod_timer() 函数也可操作那些已经初始化，但还没有被激活的定时器，如果定时器未被激活，mod_timer() 会激活它。如果调用时定时器未被激活，该函数返回 0；否则返回 1。但不论哪种情况，一旦从 mod_timer() 函数返回，定时器都将被激活而且设置了新的定时值。

如果需要在定时器超时前停止定时器，可以使用 del_timer() 函数。

```
del_timer(&my_timer);
```

被激活或未被激活的定时器都可以使用该函数，如果定时器还未被激活，该函数返回 0，否则返回 1。

下面介绍睡眠和唤醒。

当进程等待事件（可以是输入数据、子进程的终止等）时，它需要进入睡眠状态以便其他进程可以使用计算资源。可以调用如下函数之一，让进程进入睡眠状态。

```
void interruptible_sleep_on(struct wait_queue **q);
void sleep_on(struct wait_queue **q);
int wait_event_interruptible(wait_queue_head_t q, int condition);
```

然后用如下函数之一唤醒进程。

```
void wake_up(struct wait_queue **q);
void wake_up_interruptible(struct wait_queue **q);
```

4．程序设计

```
#include <linux/module.h>
#include <linux/kernel.h>
#include <linux/fs.h>
```

```
#include <linux/init.h>
#include <linux/delay.h>
#include <linux/poll.h>
#include <linux/sched.h>
#include <linux/irq.h>
#include <asm/irq.h>
#include <asm/io.h>
#include <linux/interrupt.h>
#include <asm/uaccess.h>
#include <mach/hardware.h>
#include <linux/platform_device.h>
#include <linux/cdev.h>
#include <linux/miscdevice.h>
#include <linux/gpio.h>
#include <mach/map.h>
#include <mach/gpio.h>
#include <mach/regs-clock.h>
#include <mach/regs-gpio.h>
#define DEVICE_NAME     "buttons"
struct button_desc
{
    int gpio;
    int number;
    char *name;
    struct timer_list timer;
};

static struct button_desc buttons[] = {
        { EXYNOS4_GPX2(0), 0, "KEY0" },
        { EXYNOS4_GPX2(1), 1, "KEY1" },
};
static volatile char key_values[] = {
    '0', '0'
};

static DECLARE_WAIT_QUEUE_HEAD(button_waitq);
static volatile int ev_press = 0;
static void gec5260_buttons_timer(unsigned long _data)
{
        struct button_desc *bdata = (struct button_desc *)_data;
        int down;
        int number;
```

```
        unsigned tmp;
        tmp = gpio_get_value(bdata->gpio);
        /* active low */
        down = !tmp;
        printk(KERN_DEBUG "KEY %d: %08x\n", bdata->number, down);
        number = bdata->number;
        if (down != (key_values[number] & 1)) {
        key_values[number] = '0' + down;
        ev_press = 1;
        wake_up_interruptible(&button_waitq);
        }
}
static irqreturn_t button_interrupt(int irq, void *dev_id)
{
        struct button_desc *bdata = (struct button_desc *)dev_id;
        mod_timer(&bdata->timer, jiffies + msecs_to_jiffies(40));
        return IRQ_HANDLED;
}
static int gec5260_buttons_open(struct inode *inode, struct file *file)
{
        int irq;
        int i;
        int err = 0;
        for (i = 0; i < ARRAY_SIZE(buttons); i++) {
        if (!buttons[i].gpio)
            continue;
        setup_timer(&buttons[i].timer, gec5260_buttons_timer,
                (unsigned long)&buttons[i]);
        irq = gpio_to_irq(buttons[i].gpio);
        err = request_irq(irq, button_interrupt, IRQ_TYPE_EDGE_BOTH,
                buttons[i].name, (void *)&buttons[i]);
        if (err)
            break;
    }
    if (err) {
        i--;
        for (; i >= 0; i--) {
            if (!buttons[i].gpio)
                continue;
            irq = gpio_to_irq(buttons[i].gpio);
            disable_irq(irq);
            free_irq(irq, (void *)&buttons[i]);
```

```
            del_timer_sync(&buttons[i].timer);
        }
        return -EBUSY;
    }
    ev_press = 1;
    return 0;
}
static int gec5260_buttons_close(struct inode *inode, struct file *file)
{
        int irq, i;

        for (i = 0; i < ARRAY_SIZE(buttons); i++) {
            if (!buttons[i].gpio)
            continue;
            irq = gpio_to_irq(buttons[i].gpio);
            free_irq(irq, (void *)&buttons[i]);
            del_timer_sync(&buttons[i].timer);
        }
    return 0;
}
static int gec5260_buttons_read(struct file *filp, char __user *buff,
        size_t count, loff_t *offp)
{
        unsigned long err;
        if (!ev_press) {
        if (filp->f_flags & O_NONBLOCK)
            return -EAGAIN;
        else
            wait_event_interruptible(button_waitq, ev_press);
    }
        ev_press = 0;
        err = copy_to_user((void *)buff, (const void *)(&key_values),
            min(sizeof(key_values), count));
        return err ? -EFAULT : min(sizeof(key_values), count);
}
static unsigned int gec5260_buttons_poll( struct file *file,
        struct poll_table_struct *wait)
{
        unsigned int mask = 0;

        poll_wait(file, &button_waitq, wait);
```

```
            if (ev_press)
            mask |= POLLIN | POLLRDNORM;
            return mask;
    }
    static struct file_operations dev_fops = {
        .owner      = THIS_MODULE,
        .open       = gec5260_buttons_open,
        .release    = gec5260_buttons_close,
        .read       = gec5260_buttons_read,
        .poll       = gec5260_buttons_poll,
    };
    static struct miscdevice misc = {
            .minor      = MISC_DYNAMIC_MINOR,
            .name       = DEVICE_NAME,
            .fops       = &dev_fops,
    };
    static int __init button_dev_init(void)
    {
            int ret;
            ret = misc_register(&misc);
            printk(DEVICE_NAME"\tinitialized\n");
            return ret;
    }
    static void __exit button_dev_exit(void)
    {
            misc_deregister(&misc);
    }
    module_init(button_dev_init);
    module_exit(button_dev_exit);
    MODULE_LICENSE("GPL");
    MODULE_AUTHOR("GEC Inc.");
```

（1）驱动 Makefile 文件可参考 7.4 节，这里不再赘述。

（2）按键测试程序简析。

```
#define  ARRY_SIZE(x) (sizeof(x)/sizeof(x[0]))
int main(int argc , char **argv)
{
    int button_fd ;
    char current_button_value[2]={0}; //板载 8 个按键 key2～9
    char prior_button_value[2]={0};      //用于保存按键的前键值

    button_fd = open("/dev/buttons",O_RDONLY);
```

```
        if(button_fd <0){
            perror("open device :");
            exit(1);
        }
        while(1){
            int i ;
            if  (read(button_fd,  current_button_value,  sizeof(current_
button_value)) != sizeof(current_button_value)) {
                    perror("read buttons:");
                    exit(1);
            }
            for(i = 0;i < ARRY_SIZE(current_button_value);i++){
                if(prior_button_value[i] != current_button_value[i]){
//判断当前获得的键值与上一次的键值是否一致，以判断按键有没有被按下或释放
                    prior_button_value[i] = current_button_value[i];

                    switch(i){
                        case 0:
                            printf("VOL+  \t%s\n",current_button_value[i]
=='0'?" Release":"Pressed");
                            break;
                        case 1:
                            printf("VOL-  \t%s\n",current_button_value[i]
=='0'?" Release":"Pressed");
                            break;
                        default:
                            printf("\n");
                            break;
                    }
                }
            }

        }

        return 0;
    }
```

（3）按键测试程序 Makefile 编写。

```
ifneq ($(KERNELRELEASE),)
    obj-m :=buttons_drv.o
else
    module-objs :=buttons_drv.o
```

```
    KERNELDIR :=/home/linux-3.5
    PWD :=$(shell pwd)
default:
    $(MAKE) -C $(KERNELDIR) M=$(PWD) modules
endif

clean:
    $(RM)  *.ko *.mod.c *.mod.o *.o *.order *.symvers *.cmd
```

4．实验步骤

在 Ubuntu 上建立目录/root//button/driver/，将上述的 button_drv.c 驱动源文件和驱动 Makefile 文件复制到该目录下，并在终端中执行 make。将得到的 button_drv.ko 加载到 Exynos5260 开发平台终端的/tmp 目录下，执行如下操作。

```
#insmod button_drv.ko
#lsmod
button_drv 3240 0 - Live 0xbf000000
```

在 Ubuntu 上建立目录/root/button/app/，将上述的 button_app 测试程序源文件和测试程序 Makefile 文件复制到该目录下，并在 Ubuntu 终端中执行 make。将得到的目标文件 button 加载到 Exynos5260 开发平台终端的/tmp 目录下，执行如下操作。

```
#./button
```

7.7 嵌入式 Linux 的 A/D 转换实验

利用字符设备驱动，实现 A/D 转换的程序设计。

1．硬件原理图

A/D 接口电路图如图 7-3 所示。

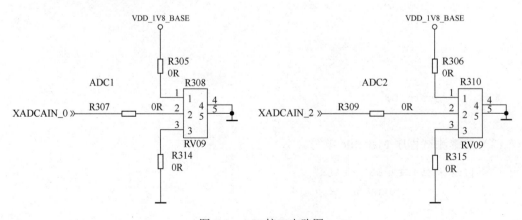

图 7-3 A/D 接口电路图

2．A/D 内部框图

A/D 内部框图如图 7-4 所示。

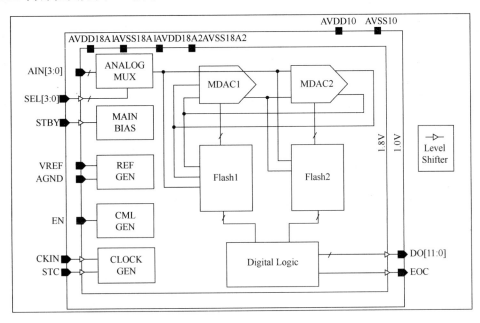

图 7-4 A/D 内部框图

3．寄存器使用

在表 7-13 中，寄存器 ADC_CON2 下的 ACH_SEL 来确定 A/D 转换的 analog 的来源。本实验中 ACH_SEL[3:0]设置为 0000，即选择 AIN0 作为输入。

表 7-13 ADC_CON2 寄存器

50.6.1.2 ADC_CON2

Base Address 0x12D1_0000

Address = Base Address +0x0004, Reset Value = 0x0000_0000

Name	Bit	Type	Description	Reset Value
ACH_SEL	[3:0]	RW	Analog input channel select 0000 =Channel 0 0001 = Channel 1 0010 = Channel 2 0011 = Channel 3 0100 = Channel 4 0101 = Channel 5 0110 = Channel 6 0111 = Channel 7 1000 = Channel 8 1001 = Channel 9 1010 to 1111= Reserved	0x00

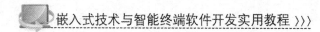

在表 7-14 中，设置 A/D 转换器的工作模式，如位数、通道、使能等。

表 7-14 ADC_CON1 寄存器

50.6.1.4 ADC_CON1

Base Address 0x12D1_0000

Address = Base Address +0x0000, Reset Value = 0x0000_0002

Name	Bit	Type	Description	Reset Value
RSVD	[31:3]	RW	Reserved (Read as zero. do not modify)	0
SOFT_RESET	[2:1]	RW	Software Reset 10 = Reset Other = Non-reset NOTE:ADC IF uses synchronous reset. So, PCLK and I_OSC_SYS should be running before ADC IF reset (by hardware and software). To access SFR after soft reset, Wait for 25 PCLK.	01
STC_EN	[0]	RW	ADC start conversion enable 0 = Disable 1 = Enable NOTE: 1.Conversion node is decided by C_TIME bits of ADC_CON2. if C_TIME is "101" ,the average is calculated with the sum after 32 times conversion. 2.Affter the conversion of ADC, if INT_EN bit of generated. Also FLAG bit of ADC_STATUS is set to "1". 3.After the conversion of ADC, this bit whill immediately and sutomadically be cleared to "0".Also the condition of ADC is changed to power-down.	0

在表 7-15 中，A/D 转换值的存储寄存器，当 A/D 转换工作在普通模式下，DATA 存储的是转换后的值。

表 7-15 ADC_DAT 寄存器

50.6.1.4 ADC_DAT

Base Address 0x12D1_0000

Address = Base Address +0x000C, Reset Value = 0x0000_0000

Name	Bit	Type	Description	Reset Value
RSVD	[31:12]	R	Reserved (Read as zero. do not modify)	0
ADCDAT[12:0]	[11:0]	R	ADC conversion data value.(0x000 to 0xFFF)	-

4. 实验原理

（1）A/D 转换器的原理：请读者自行查阅资料。

（2）驱动原理：该驱动实现为一个字符设备，通过 ioctl 函数来设置相关寄存器的值，通过 read 函数来获取转换之后的值。

（3）驱动简析：该驱动主要实现了 ioctl、read 函数。

模块探测函数：

```
static int __devinit exynos_adc_probe(struct platform_device *dev)
{
    int ret;
    mutex_init(&adcdev.lock);
    /* Register with the core ADC driver. */
    adcdev.client = s3c_adc_register(dev, NULL, NULL, 0);
    if (IS_ERR(adcdev.client)) {
    printk("exynos5260_adc: cannot register adc\n");
    ret = PTR_ERR(adcdev.client);
    goto err_mem;
    }
    ret = misc_register(&misc);
    printk(DEVICE_NAME"\tinitialized\n");
err_mem:
    return ret;
}
```

设备读取和控制函数：

```
static ssize_t exynos_adc_read(struct file *filp, char *buffer,
        size_t count, loff_t *ppos)
{
    char str[20];
    int value;
    size_t len;

    value = exynos_adc_read_ch();
    len = sprintf(str, "%d\n", value);
    if (count >= len) {
    int r = copy_to_user(buffer, str, len);
    return r ? r : len;
    } else {
    return -EINVAL;
    }
}


static long exynos_adc_ioctl(struct file *file,unsigned int cmd,
unsigned long arg)
{
    #define ADC_SET_CHANNEL     0xc000fa01
```

```
#define ADC_SET_ADCTSC        0xc000fa02
printk("cmd is %d arg is %d\n",cmd,arg);
switch (cmd) {
case ADC_SET_CHANNEL:
exynos_adc_set_channel(arg);
break;
case ADC_SET_ADCTSC:
/* do nothing */
break;
default:
return -EINVAL;
}
return 0;
}
```

模块入口函数和出口函数：

```
static int __init exynos_adc_init(void)
{
    return platform_driver_register(&exynos_adc_driver);
}

static void __exit exynos_adc_exit(void)
{
    platform_driver_unregister(&exynos_adc_driver);
}

module_init(exynos_adc_init);
module_exit(exynos_adc_exit);
```

驱动模块 Makefile 请仿照前几章驱动模块形式编写。

测试程序：

```
int main()
{
    int fd,ret;
    char buffer[30];
    int value;
    char ch;
    unsigned long arg;
    fprintf(stderr, "press Ctrl-C to stop\n");

    fd = open("/dev/adc",O_RDWR);
    if(fd < 0) {
```

```
perror("open adc device:");
}
printf("0:adc0  1:adc1  2:adc2  3:adc3\n");
scanf("%d",&arg);
printf("input is %d\n",arg);
if((arg>=0) && (arg<=3))
    ioctl(fd, ADC_SET_CHANNEL , arg );
while(1){
ret = read(fd, buffer, sizeof (buffer) -1);
if (ret > 0) {
buffer[ret] = '\0';
value = -1;
sscanf(buffer, "%d", &value);
printf("read the adc senser %d\n",value);
} else {
perror("read adc device:");
exit(EXIT_FAILURE);
}

sleep(2);
}
close(fd);
return 0;
}
```

测试程序请参考前面给出的通用 Makefile 文件，并将 TARGET 修改为本实验的目标文件 adc_test。

5. 实验步骤

在 Ubuntu 上建立目录/root/adc/test，将上述的 adc_test.c 测试程序源文件和测试程序 Makefile 文件复制到该目录下，并在 Ubuntu 终端中执行 make。将得到的目标文件 adc_test 加载到 Exynos5260 开发平台终端的/tmp 目录下，执行如下操作。

```
# chmod +x adc_test
#./adc_test
Press Ctrl-C to stop
adc = 2608
adc = 2608
adc = 1732
adc = 1732
```

按回车键后，按提示操作即可。通过旋转不同的电位器可以看到不同的转换值。

第 8 章
Qt 编程基础

8.1 Qt 概述

Qt 是跨平台的开发库，主要是开发图形用户界面（Graphical User Interface，GUI）应用程序，当然也可以开发非图形的命令行（Command User Interface，CUI）应用程序。Qt 支持众多的操作系统平台，如通用操作系统 Windows、Linux、UNIX，智能手机系统 Android、iOS、Windows Phone，嵌入式系统 QNX、VxWorks 等，应用广泛。当然 Qt 库本身包含的功能模块也日益丰富，不断扩充新模块和第三方模块。Qt 是一个适用于多平台图形界面程序开发的 C++工具包，除 C++库外，Qt 还包含一些便捷的开发工具，让编程变得快速直接。Qt 的跨平台能力和国际化支持保证了 Qt 应用程序占有尽可能广阔的市场。

自 1995 年以来，基于 Qt 的 C++应用程序就在商业应用中占据核心地位。Qt 在各领域被广泛应用，如消费类电子、医疗器械、工控机床、金融交通终端等，同时也受到各大小企业的青睐，如 Adobe、IBM、Motorola、NASA、Volvo 和大量的小公司及组织。

Qt 是面向对象的，而且 Qt 类的特征减少了开发者的工作量，并提供可靠的接口来加速用户的学习。

8.1.1 GUI 的作用

GUI（Graphical User Interface），即图形用户界面（又称图形用户接口），是指采用图形方式显示的计算机操作用户界面。与早期计算机使用的命令行界面相比，图形界面对于用户来说在视觉上更易于接受，且更便于操作。

GUI 工具包（或 GUI 库）是构造图形用户界面（程序）所使用的一套按钮、滚动条、菜单和其他对象的集合。Linux 下有很多可供使用的 GUI 库，开发常见的 GUI 设计库有 Qt、Gtk、MiniGUI、MicroWindow 等，本书中仅对 Qt 进行简要讲解和说明。

8.1.2　Qt 的主要特点

Qt 是一个基于 C++编程语言的 GUI 工具包。由于 Qt 是基于 C++的，速度快，易于使用，并具有很好的可移植性。因此，当需要开发 Linux/UNIX 或 MS Windows 环境下的 GUI 程序时，Qt 是最佳选择。

1．可移植性

Qt 不只适用于 Linux/UNIX，它同样适用于 MS Windows。而作为当今世界的两大主流操作系统，这两款平台都分别拥有几百万的用户，如果想要我们开发的 GUI 程序受到更多用户的青睐，当然需要选择一款既使用于 Linux/UNIX 又使用于 Windows 的 GUI 工具包，而 Qt 则恰好可以充当这个角色。

2．易用性

上面已经讲到，Qt 是一个 C++工具包，它由几百个 C++类构成，自然在 Qt 程序中可以使用这些类。因为 C++是面相对象的编程（Object-Oriented Programming，OOP）语言，而 Qt 是基于 C++构造的，所以 Qt 也具有 OOP 的所有特性和优点。

3．运行速度

Qt 非常容易使用，且也具有很快的速度，这两个方面通常不可能同时达到。Qt 的这一优点得益于 Qt 开发者花费了大量的时间来优化他们的产品。

Qt 比其他许多 GUI 工具包运行速度快的另一个原因是它的实现方式。Qt 是一个 GUI 仿真工具包，这意味着它不调用任何本地工具包。许多 GUI 开发包使用 API 层或 API 仿真，这些方法均以不同的方式调用本地工具包，从而导致程序运行速度下降。而 Qt 直接调用操作平台上的低级绘图函数仿真操作平台的 GUI 库，自然使得程序的运行速度得到提高。

8.2　Qt 的安装

在 Ubuntu 系统中开发 Qt 程序时，需要 X11 桌面环境的 Qt 集成开发环境。即安装前，确定 Ubuntu 是否安装了 g++编译器，如果没有，先安装 g++编译器，具体安装步骤如下。

（1）从官网下载 Qt 安装包：Qt_SDK_Lin64_offline_v1_1_3_en.run（Qt4.7.4 版本），复制到 Ubuntu 系统的主文件夹中，并双击文件运行安装。安装 Qt 界面如图 8-1 所示。

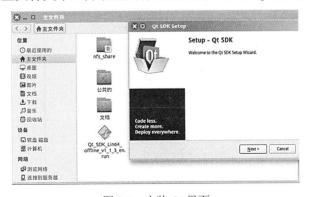

图 8-1　安装 Qt 界面

（2）选择安装路径，如果使用的不是 root 权限，则建议安装在用户主文件夹下。如果用户主文件夹路径为/home/kitty，那么选择安装路径如图 8-2 所示。

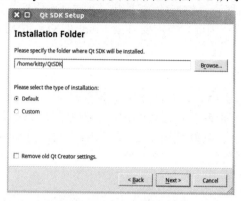

图 8-2　选择安装路径

（3）在栏目上选择"Qt SDK Developer Agreement"选项，并选择同意选项。选择安装界面如图 8-3 所示。

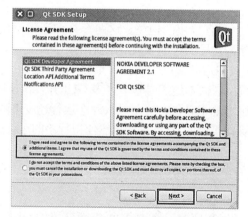

图 8-3　选择安装界面

（4）继续下一步，单击"Install"按钮，如图 8-4 所示。

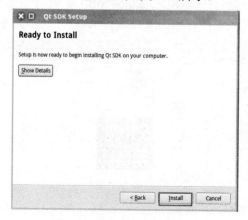

图 8-4　单击"Install"按钮

（5）继续下一步，安装 Qt 界面，如图 8-5 所示。

图 8-5　安装 Qt 界面

（6）最后一步，两个选项默认打钩，如图 8-6 所示，完成软件安装。

图 8-6　选择项默认打钩

（7）安装完成后，打开 Qt Creator 界面，如图 8-7 所示。

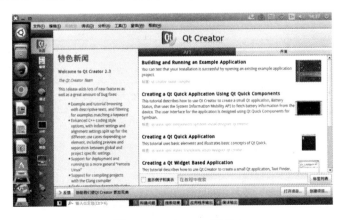

图 8-7　Qt Creator 界面

8.3 使用 Designer 创建"helloworld"Qt 窗口

安装完 SDK，下面创建简单的"helloworld"Qt 窗口，步骤如下。

（1）启动 Qt Creator 后，选择"文件"→"新建工程"选项，弹出的窗口如图 8-8 所示，选择一个工程模版。

图 8-8 新建工程

（2）按提示操作，创建 helloworld 项目和选择存储路径，如图 8-9 所示。

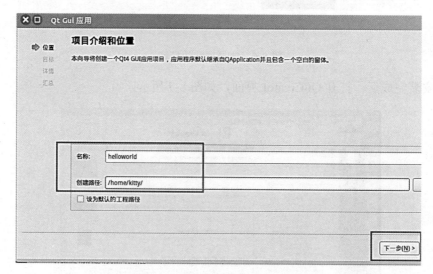

图 8-9 创建 helloworld 项目和选择存储路径

（3）只在"桌面"选项前打钩，然后单击"下一步"按钮，如图 8-10 所示。

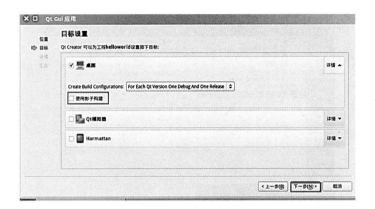

图 8-10　在"桌面"选项前打钩

（4）继续按提示操作，如图 8-11 所示。

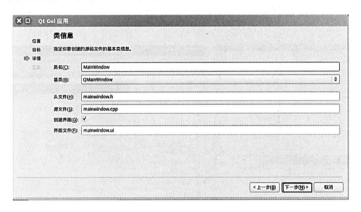

图 8-11　单击"下一步"按钮

（5）按提示操作，完成项目界面创建，如图 8-12 所示。

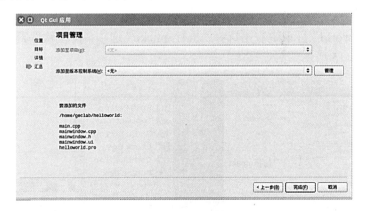

图 8-12　完成项目界面创建

（6）创建完成后，在项目文件列表中，双击"mainwindow.ui"文件，如图 8-13 所示。

图 8-13　双击"mainwindow.ui"文件

（7）在"mainwindow.ui"界面中拖"Push Button"控件至窗口界面上，如图 8-14 所示。

图 8-14　操作界面（1）

（8）在"helloworld"目录中右击选择"执行 qmake"选项，执行软件查看"Push Button"控件效果，如图 8-15 所示。

图 8-15　操作界面（2）

（9）完成上述步骤后，"helloworld" Qt 窗口如图 8-16 所示。

图 8-16　"helloworld" Qt 窗口

8.4　交叉编译 Qt Embedded 库

8.4.1　配置编译选项

从 Qt 官网上下载源码包：qt-everywhere-opensource-src-4.7.4.tar.gz，复制到用户主文件夹并解压源码包。

```
$ tar zxvf qt-everywhere-opensource-src-4.7.4.tar.gz
$ cd qt-everywhere-opensource-src-4.7.4
```

配置并编译 Qt4.7.4。参数含义可通过命令"./configure -embedded –help"查看，默认安装路径为"/usr/local/Trolltech/QtEmbedded-4.7.4-arm"。

```
$./configure -opensource -embedded arm -xplatform
qws/linux-arm-g++ -no-webkit -qt-libtiff -qt-libmng -nomake examples
-nomake demos -qt-libjpeg -qt-libpng -qt-mouse-linuxinput -no-qt3support
```

Qt 编译过程如图 8-17 所示。

```
This is the Qt for Embedded Linux Open Source Edition.

You are licensed to use this software under the terms of
the Lesser GNU General Public License (LGPL) versions 2.1.
You are also licensed to use this software under the terms of
the GNU General Public License (GPL) versions 3.

Type '3' to view the GNU General Public License version 3.
Type 'L' to view the Lesser GNU General Public License version 2.1.
Type 'yes' to accept this license offer.
Type 'no' to decline this license offer.

Do you accept the terms of either license?
```

图 8-17　Qt 编译过程

输入"yes"并按回车键，等待配置完成。

8.4.2 编译和安装

1. 软件编译

```
$make
```

编译过程如图 8-18 所示。

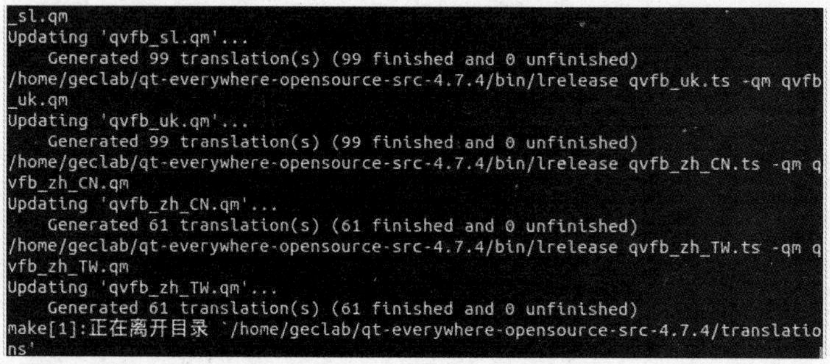

```
_sl.qm
Updating 'qvfb_sl.qm'...
    Generated 99 translation(s) (99 finished and 0 unfinished)
/home/geclab/qt-everywhere-opensource-src-4.7.4/bin/lrelease qvfb_uk.ts -qm qvfb
_uk.qm
Updating 'qvfb_uk.qm'...
    Generated 99 translation(s) (99 finished and 0 unfinished)
/home/geclab/qt-everywhere-opensource-src-4.7.4/bin/lrelease qvfb_zh_CN.ts -qm q
vfb_zh_CN.qm
Updating 'qvfb_zh_CN.qm'...
    Generated 61 translation(s) (61 finished and 0 unfinished)
/home/geclab/qt-everywhere-opensource-src-4.7.4/bin/lrelease qvfb_zh_TW.ts -qm q
vfb_zh_TW.qm
Updating 'qvfb_zh_TW.qm'...
    Generated 61 translation(s) (61 finished and 0 unfinished)
make[1]:正在离开目录 `/home/geclab/qt-everywhere-opensource-src-4.7.4/translatio
ns'
```

图 8-18 编译过程

2. 软件安装

安装路径：/usr/local/Trolltech/QtEmbedded-4.7.4-arm。

```
$sudo make install
```

8.4.3 Qt Embedded 应用程序编译

使用 Qt Embedded 库编译 helloworld 程序，验证 Qt Embedded 库的可行性。

1. 设置环境变量

系统默认的是桌面端的 Qt 环境变量，需要用 Qt Embedded 的话，则设置环境变量，而一般我们都是设置临时环境变量（当前终端有效）。新建一个文件 QtEmbedded-4.7.4-env，并添加以下内容。

```
export QTDIR=/usr/local/Trolltech/QtEmbedded-4.7.4-arm
export QT_QWS_FONTDIR=/usr/local/Trolltech/QtEmbedded-4.7.4-arm/lib/fonts
export QMAKEDIR=$QTDIR/qmake
export LD_LIBRARY_PATH=$QTDIR/lib:$LD_LIBRARY_PATH
export PATH=$QMAKEDIR/bin:$QTDIR/bin:/usr/local/arm/4.7.4/usr/bin:$PATH
export QMAKESPEC=qws/linux-arm-g++
export QT_SELECT=qt-4.7.4-arm
```

保存并退出后，让环境变量生效。

```
$source  QtEmbedded-4.7.4-env
```

验证：

```
$qmake  -v
```

版本信息如图 8-19 所示：

```
QMake version 2.01a
Using Qt version 4.7.4 in /usr/local/Trolltech/QtEmbedded-4.7.4-arm/lib
```

图 8-19　版本信息

2．编译程序

进入 helloworld 项目目录：

```
$cd  /home/kitty/helloworld
```

清除之前编译产生的临时文件：

```
$make clean
```

交叉编译：

```
$qmake
$make
```

编译完成后会在当前目录生成 helloworld 目标文件，用"file helloworld"命令检查是否是 arm 平台目标文件，如图 8-20 所示。

```
helloworld: ELF 32-bit LSB  executable, ARM EABI5 version 1 (SYSV), dynamically
linked (uses shared libs), for GNU/Linux 2.6.32, not stripped
```

图 8-20　helloworld 文件属性

8.5　开发平台设置 Qt Embedded 环境

1．复制 Qt Embedded 库到 Exynos5260 开发平台上

（1）在 Exynos5260 开发平台上运行 Qt 程序前复制库文件到根文件系统中。

```
$cd  /home/kitty/nfs_share/rootfs
$mkdir  -p  usr/local/Trolltech/QtEmbedded-4.7.4-arm
$cd  usr/local/Trolltech/QtEmbedded-4.7.4-arm
```

（2）复制库文件和字体。

```
$ cp  -drf  /usr/local/Trolltech/QtEmbedded-4.7.4-arm/lib.
```

（3）复制插件库。

```
$ cp  -drf  /usr/local/Trolltech/QtEmbedded-4.7.4-arm/plugins/.
```

2．设置环境变量

设置 Qt 运行环境变量，使 Linux 系统启动后自动执行脚本，需要在根文件 rootfs 文件系统的 etc/profile 文件末尾添加如下内容。

```
export  QTDIR=/usr/local/Trolltech/QtEmbedded-4.7.4-arm
export  QT_QWS_FONTDIR=$QTDIR/lib/fonts/
export  QT_PLUGIN_PATH=$QTDIR/plugins
export  LD_LIBRARY_PATH=$QTDIR/lib:$LD_LIBRARY_PATH
export  QWS_MOUSE_PROTO="LinuxInput:/dev/input/event0"
```

3．"helloworld"Qt 窗口在实验开发平台中运行

在实验开发平台终端中运行命令：

```
#./helloworld  -qws
```

第 9 章
Android 应用开发

9.1　开发准备

在进行 Java 和 Android 的程序开发前，首先在计算机上搭建 Java 的开发环境，安装好以下工具，包括 JDK、Eclipse、ADT、Android SDK、Android NDK。

9.1.1　下载 JDK

JDK 是 Java 语言的软件开发工具包，主要用于移动设备、嵌入式设备上的 Java 应用程序。JDK 是整个 Java 开发的核心，它包含了 Java 的运行环境，Java 工具和 Java 基础的类库。如果没有 JDK 的话，无法编译 Java 程序，如果想只运行 Java 程序，要确保已安装相应的 JRE。

最新版本号：Java SE Development Kit 8u60。

下载链接：

http://www.oracle.com/technetwork/java/javase/downloads/jdk8-downloads-2133151.html

选择 Accept License Agreement。

根据计算机系统下载相应版本的 32 位（i586）或 64 位（x64）。

9.1.2　下载 Eclipse

Eclipse 是一种 IDE，是一个开放源代码的、基于 Java 的可扩展开发平台，所谓 IDE（Integrated Development Environment）也就是所谓的集成开发环境，它是用来开发 Java 程序的软件工具。最初主要用来 Java 语言开发，尽管 Eclipse 是使用 Java 语言开发的，但它的用途并不限于 Java 语言。例如，它还支持 C/C++、COBOL、PHP、Android 等编程语言的插件。

最新版本号：eclipse-java-neon-M2。

下载链接：

http://www.eclipse.org/downloads/packages/eclipse-ide-java-developers/neonm2
根据计算机系统下载相应版本的 32 位或 64 位。

9.1.3 下载 ADT

Eclipse ADT 是 Eclipse 平台下用来开发 Android 应用程序的插件，用于打包和封装 Android 应用，它是用来开发 Android 应用必须用到的一个插件。

最新版本号：ADT-23.0.6。

下载链接：

http://developer.android.com/sdk/installing/installing-adt.html

9.1.4 下载 Android SDK

SDK（Software Development Kit）软件开发工具包，被软件开发工程师用于为特定的软件包、软件框架、硬件平台、操作系统等建立应用软件的开发工具的集合。因此，Android SDK 指的是 Android 专属的软件开发工具包。

最新版本号：sdk_r24.3.4。

下载链接：

http://developer.android.com/sdk/index.html#Other
备注：提供.exe 版和.zip 下载，推荐下载.exe 版本。

9.1.5 下载 Android NDK

NDK 是用来给 Android 手机开发软件用的，和 SDK 不同的是，NDK 用的是 C 语言，而 SDK 用的是 Java 语言。NDK 开发的软件在 Android 的环境里是直接运行的，一般只能在特定的 CPU 指令集的机器上运行，而且 C 语言可以直接和硬件对话，因此一般用它给手机开发驱动或底层应用；而 SDK 开发出的软件在 Android 上靠 Dalvik 虚拟机来运行，所以如果没有特殊的需要或专门针对某个硬件去开发，那么就使用 SDK。

最新版本号：android-ndk-r10e。

下载链接：

http://developer.android.com/ndk/downloads/index.html
根据计算机系统下载相应版本的 32 位（x86）或 64 位（x86_64）。

9.2 安装程序

9.2.1 安装 JDK

（1）双击下载好的 JDK 安装包，按以下操作步骤完成安装内容，如图 9-1 所示，安装路径：E:\Java\jdk1.8.0_60（以 E 盘为例）。

图 9-1　安装 JDK 安装包

（2）继续下一步操作，如图 9-2 所示。

图 9-2　单击"更改"按钮

（3）确定软件安装路径，如图 9-3 所示。

图 9-3　确定软件安装路径

（4）返回上一步的对话框，如图 9-4 所示。

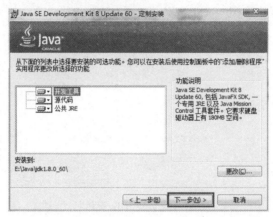

图 9-4　单击"下一步"按钮

（5）以上安装完成后，弹出 JRE 安装对话框，安装到以 E 盘为例的文件夹中，单击"下一步"按钮，如图 9-5 所示。

图 9-5　安装 JRE

（6）安装完成后单击"关闭"按钮，如图 9-6 所示。

图 9-6　关闭对话框

9.2.2　安装 Eclipse

解压缩文件，解压路径为 E:\eclipse，如图 9-7 所示。

图 9-7　解压文件

9.2.3　安装 Android SDK

（1）启动安装界面，Android SDK 采用 Java 语言，所以需要先安装 JDK 5.0 及以上版本（已经安装 JDK 1.8 版本），如图 9-8 所示。

安装路径：E:\AndroidSoftware\android-sdk_r24.0.2\（以 E 盘为例）。

图 9-8　启动安装界面

（2）单击"Next"按钮，如图 9-9 所示。

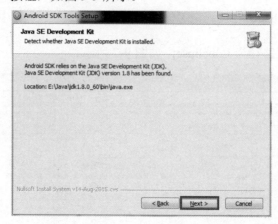

图 9-9　确定安装路径

（3）选择"Install just for me"选项，单击"Next"按钮，如图 9-10 所示。

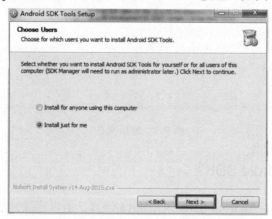

图 9-10　选择"Install just for me"选项

（4）选择安装路径，如图 9-11 所示。

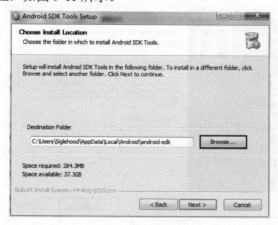

图 9-11　选择安装路径

（5）单击"Browse"按钮，选择安装路径为 E 盘，如图 9-12 所示。

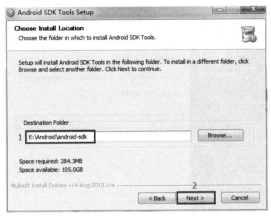

图 9-12　更改安装路径

（6）单击"Install"按钮，如图 9-13 所示。

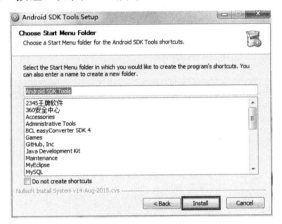

图 9-13　单击"Install"按钮

（7）等待安装，单击"Next"按钮，如图 9-14 所示。

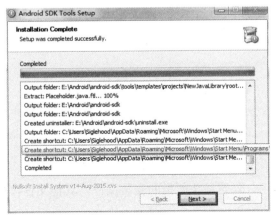

图 9-14　单击"Next"按钮

（8）安装完成后，选项打钩，如图 9-15 所示。

图 9-15　选项打钩

（9）打开"Android SDK Manager"界面，看到 Android SDK 开发版本，单击"Deselect All"按钮，全部取消选项，如图 9-16 所示。

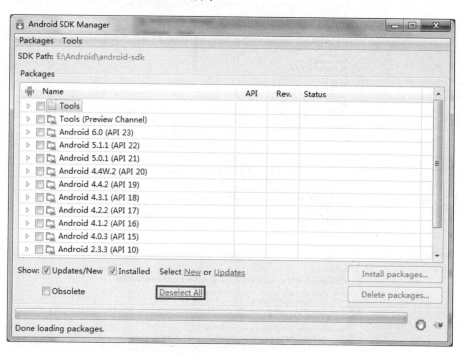

图 9-16　"Android SDK Manager"界面

（10）如图 9-17 所示，勾选箭头所指的安装文件，其他文件可根据需求自行安装，安装方式为在线安装。

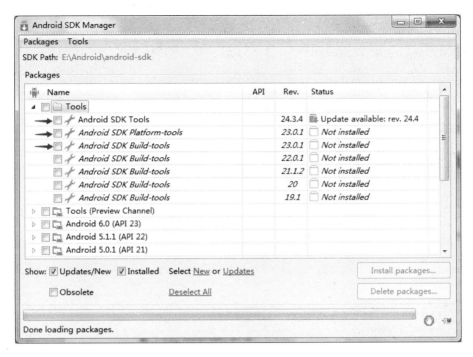

图 9-17　自定义安装界面（1）

（11）以 Android 4.2.2（API17）为例，其他版本可照此勾选安装，如图 9-18 所示。

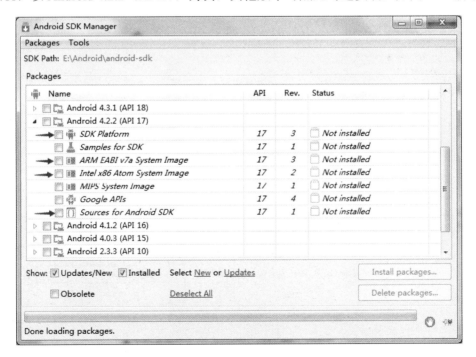

图 9-18　自定义安装界面（2）

（12）根据需要对箭头所指选项进行勾选，如图 9-19 所示。

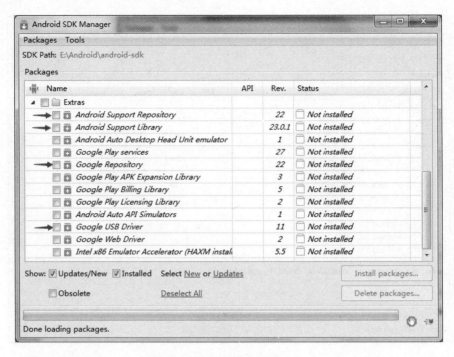

图 9-19　自定义安装界面（3）

（13）单击"Install 2 packages"按钮，进入下一步，如图 9-20 所示。

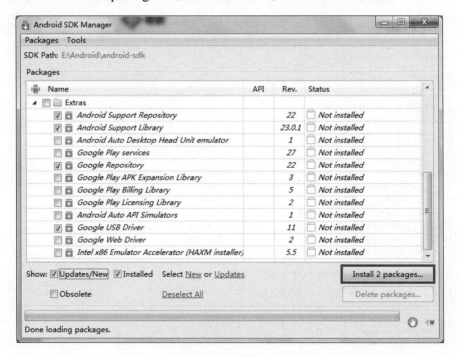

图 9-20　单击"Install 2 packages"按钮

（14）单击"Accept License"按钮下载安装，如图 9-21 所示。

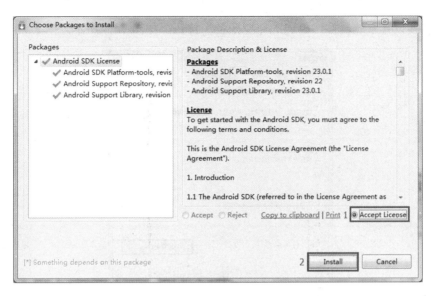

图 9-21　单击"Accept License"按钮下载安装

9.2.4　解压 Android NDK 与配置环境变量

安装路径：E:\android-ndk-r10e\ （以 E 盘为例）。

（1）将 NDK 安装包复制到 E 盘，双击 android-ndk-r10e-windows-x86_64.exe，在弹出的窗口中输入"Y"（大小写均可）后按回车键，进行解压文件，解压文件放在 E:\android-ndk-r10e，后续进行环境配置时将进行 NDK 配置，如图 9-22 所示。

图 9-22　查看系统高级系统设置

（2）继续设置系统属性，单击"环境变量"按钮，如图 9-23 所示。

图 9-23　单击"环境变量"按钮

（3）配置"环境变量"，如图 9-24 所示。

图 9-24　配置"环境变量"

（4）输入变量名：JAVA_HOME；输入变量值：E:\Java\jdk1.8.0_60（JDK 安装路径），如图 9-25 所示。

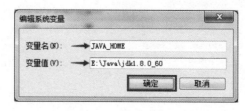

图 9-25　编辑系统变量（1）

（5）继续新建系统变量。输入变量名：ANDROID_SDK；输入变量值：E:\Android\android-sdk
（Android SDK 安装路径），如图 9-26 所示。

图 9-26　编辑系统变量（2）

（6）继续新建系统变量。输入变量名：ANDROID_SDK_HOME；输入变量值：
E:\Android\AVD（Android 模拟器的存放路径），如图 9-27 所示。

图 9-27　编辑系统变量（3）

（7）继续新建系统变量。输入变量名：CLASSPATH；输入变量值：.;%JAVA_HOME%\lib
\dt.jar;%JAVA_HOME%\lib\tools.jar;%ANDROID_SDK%\platforms\android-17\android.jar;%
ANDROID_SDK%\tools\lib\sdklib.jar（注意最前面有个点，运行相关 jar 包），如图 9-28
所示。

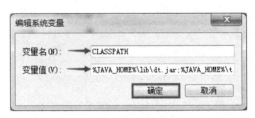

图 9-28　编辑系统变量（4）

（8）打开 Path 变量，在变量值最后添加：%JAVA_HOME%\bin;%ANDROID_SDK%\platform-
tools，如图 9-29 所示。

图 9-29　编辑系统变量（5）

（9）测试：打开 cmd 命令窗口，输入命令 java -version，出现如图 9-30 所示的内容则表示配置成功。

图 9-30　测试界面（1）

（10）输入命令 adb，出现如图 9-31 所示内容则表示配置成功。

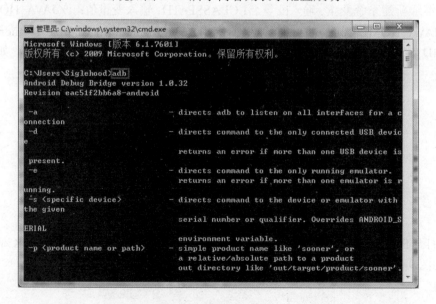

图 9-31　测试界面（2）

（11）补充：后缀名为.java.txt 的解决方法。打开计算机（我的电脑），然后依次单击菜单栏的"工具"→"文件夹选项"→"查看"→勾选"不显示隐藏的文件、文件夹和驱动器"，然后单击"确定"按钮即可，如图 9-32 所示。

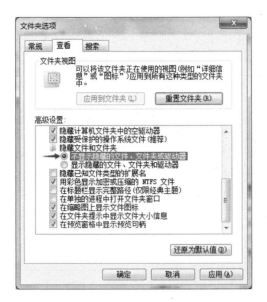

图 9-32 文件夹选项配置界面

9.2.5 配置 ADT

ADT 是 Android 提供的一个插件，即 Android Development Tools，为开发者提供了一个完整的开发环境。有两种方法配置 ADT，一种是压缩包（之前下载过的），另一种是在线下载。

1. 压缩包方法

（1）启动 Eclipse，设置工作空间，建议设置在一个安全的地方（如 E:\eclipse\workspace1），不要放在 C 盘（默认是 C 盘），里面存放工程项目，如图 9-33 所示。

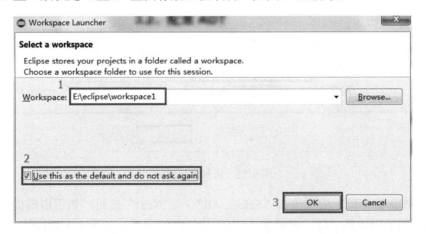

图 9-33 设置工作空间

（2）依次单击菜单栏"Help"→"Install New Software…"，如图 9-34 所示。

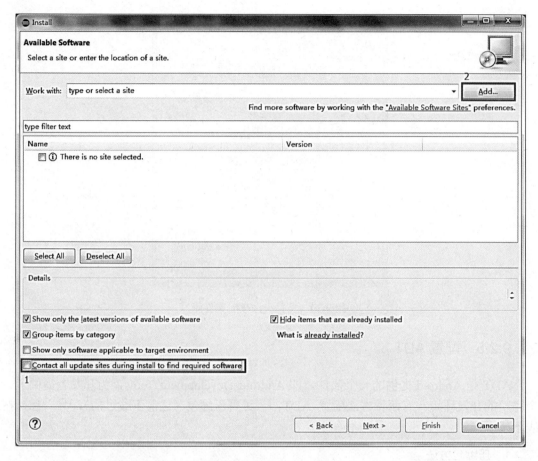

图 9-34　启动 Eclipse 界面

（3）在 Name 后输入 ADT，然后单击"Archive"按钮，选择解压的 ADT .zip 文件路径，如图 9-35 所示。

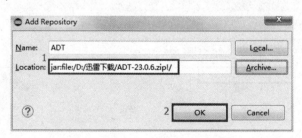

图 9-35　选择解压路径

（4）在弹出的窗口中依次单击"Select All"→"Next"按钮，然后根据提示安装并重启 Eclipse。如果出现提示框，则单击"OK"按钮继续安装，如图 9-36 所示。

2．在线下载

通过官方网站下载并安装 ADT 插件。依次单击菜单栏"Help"→"Install New Software…"，单击"Add"按钮，在弹出的对话框中的 Location 后输入 https://dl-ssl.google.

com/android/eclipse/等待刷新，按照提示重启 Eclipse 即可，此处不再赘述，如图 9-37 所示。

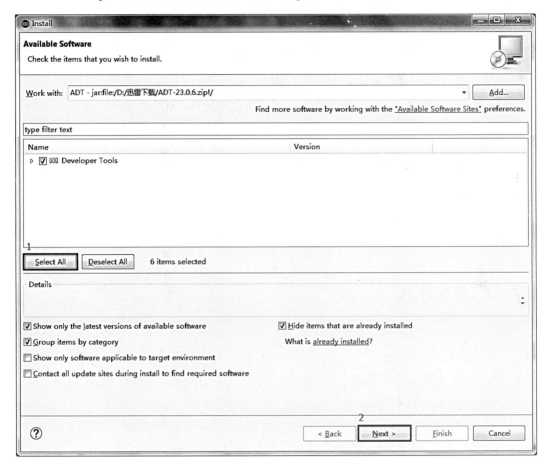

图 9-36 依次单击"Select All"→"Next"按钮

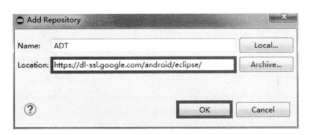

图 9-37 选择下载安装 ADT 插件路径

9.2.6 配置 SDK

依次单击 Eclipse 菜单栏的"Window"→"Preferences"→"Android"，找到 SDK 的安装目录，如图 9-38 所示。

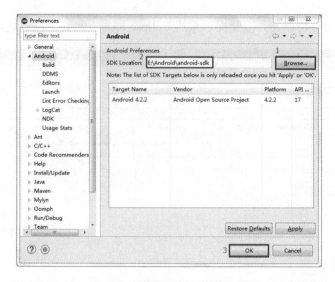

图 9-38　找到 SDK 的安装目录

9.2.7　配置 NDK

依次单击 Eclipse 菜单栏的"Window"→"Preferences"→"Android"→"NDK"，找到 NDK 的安装目录，如图 9-39 所示。

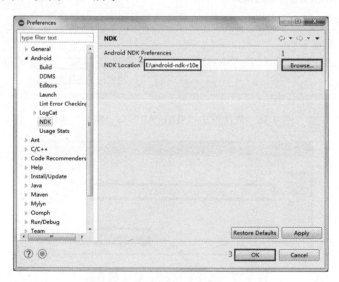

图 9-39　找到 NDK 的安装目录

9.3　测试模拟器

（1）依次单击 Eclipe 菜单栏的"Window"→"Android Virtual Device Manager"（或单击菜单栏图标），如图 9-40 所示。

图 9-40　选择菜单栏图标

（2）单击"Create"按钮，如图 9-41 所示。

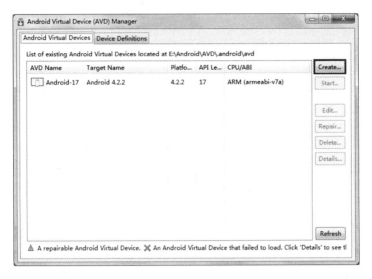

图 9-41　单击"Create"按钮

（3）在弹出的对话框中填写相关选项，如图 9-42 所示。

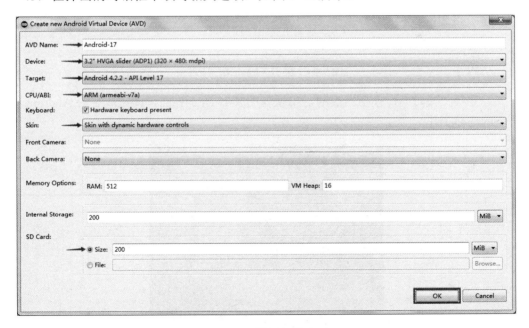

图 9-42　填写相关选项

（4）继续下一步，单击"Start"按钮，如图 9-43 所示。

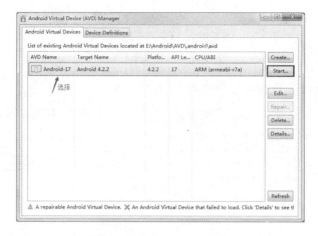

图 9-43　单击"Start"按钮

（5）继续下一步，单击"Launch"按钮，如图 9-44 所示。

图 9-44　单击"Launch"按钮

（6）等待一段时间，模拟器启动，出现如图 9-45 所示界面，即完成了对 Android 的开发环境的搭建工作。

图 9-45　模拟器启动界面

上述对 JDK、Eclipse、ADT、Android SDK 和 Android NDK 软件进行了下载、安装、配置环境，完成 Android 开发环境搭建。

9.4　Android 应用开发准备

嵌入式 Android 应用开发本节选取典型案例 LED 灯控制实验、ADC 实验、LCD 实验，开发的内容在 Exynos5260 开发平台中进行，实验准备前需要进行安卓系统的设置和调试，具体步骤如下。

（1）查看 Exynos5260 开发平台上的安卓系统界面，找到开发者选项，在 USB 调试选项后打钩，如图 9-46 所示，插上 USB 线与 Exynos5260 开发平台进行连接。通常插上 USB 线后，计算机上的手机应用助手会有提醒，代表计算机已经和手机连接，如图 9-47 所示。

图 9-46　开发者模式界面　　　图 9-47　插上 USB 线后，弹出连接提醒

（2）打开 Eclipse 软件，单击 Eclipse 界面右上角的"DDMS"标签，进入 DDMS 选项，如图 9-48 所示。

图 9-48　DDMS 选项

（3）查看安卓系统各种文件信息，如图 9-49 所示。选择"File Explorer"选项查看系统的文件，查看 dev 文件夹，如图 9-50 所示，可以看到很多驱动文件。

（4）由于现在没有权限操作驱动，所以要赋予权限实现修改驱动文件操作。首先在计算机进入 cmd 命令行，输入"adb shell"指令，如图 9-51 所示。

（5）手动修改驱动权限，如 chmod 777 /dev/Led、chmod 777 /dev/adv 和 chmod 777 /dev/rtc0 等，如图 9-52 所示，输入指令后，我们看到 dev 文件夹下的权限已经开放，如图 9-53 所示。

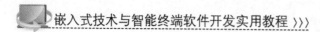

Name		Size	Date	Time	Permission
〉 ▷ acct			2016-01-05	09:40	drwxr-xr-x
〉 ▷ cache			2013-01-01	03:52	drwxrwx---
〉 ▷ config			2016-01-05	09:40	dr-x------
▷ d			2016-01-05	09:40	lrwxrwxrwx
〉 ▷ data			2013-01-01	22:28	drwxrwx-->
▤ default.prop		120	1970-01-01	00:00	-rw-r--r--
〉 ▷ dev			2016-01-05	09:40	drwxr-xr-x
▷ etc			2016-01-05	09:40	lrwxrwxrwx
▷ factory			2016-01-05	09:40	lrwxrwxrwx
▤ file_contexts		8870	1970-01-01	00:00	-rw-r--r--
▤ fstab.gec5260		921	1970-01-01	00:00	-rw-r--r--
▤ init		179540	1970-01-01	00:00	-rwxr-x---
▤ init.bt.rc		201	1970-01-01	00:00	-rwxr-x---
▤ init.environ.rc		995	1970-01-01	00:00	-rwxr-x---
▤ init.gec5260.debugext.rc		2625	1970-01-01	00:00	-rwxr-x---
▤ init.gec5260.rc		7754	1970-01-01	00:00	-rwxr-x---
▤ init.gec5260.usb.rc		3667	1970-01-01	00:00	-rwxr-x---
▤ init.rc		19856	1970-01-01	00:00	-rwxr-x---
▤ init.trace.rc		1795	1970-01-01	00:00	-rwxr-x---
▤ init.usb.rc		3915	1970-01-01	00:00	-rwxr-x---
▤ init.wifi.rc		1893	1970-01-01	00:00	-rwxr-x---
〉 ▷ mnt			2016-01-05	09:40	drwxrwxr->
〉 ▷ proc			1970-01-01	00:00	dr-xr-x-x
▤ property_contexts		2161	1970-01-01	00:00	-rw-r--r--
〉 ▷ root			2016-03-24	02:07	drwx
〉 ▷ sbin			1970-01-01	00:00	drwxr-x--
▷ sdcard			2016-01-05	09:40	lrwxrwxrwx

左侧列表:
t5260-0123456789ABC Online		4.4.2, debug
oid.pop	2447	8600
fx	2813	8601
method.latin	2256	8604
edia	2243	8610
	2098	8611
ooth	2528	8614
nui	2168	8616
ush	2352	8617
her	2281	8620
e	2275	8622
ntainer	3922	8602
ore	3939	8606
y3d	3980	8612
	4041	8623
	6503	8607
ra2	6523	8609
gs	6552	8615
	6581	8619
nentsui	6690	8625
nalstorage	6705	8626
searchbox	6720	8627

图 9-49　DDMS 查看手机系统文件

Name	Size	Date	Time	Permissions
∨ ▷ dev		2016-01-05	11:35	drwxr-xr-x
▨ CEC	10, 243	2016-01-05	11:35	crw-rw----
▨ Led	10, 60	2016-01-05	11:35	crw-------
▤ _properties_	131072	2016-01-05	11:35	-r--r--r--
▨ adc	10, 59	2016-01-05	11:35	crw-------
▨ alarm	10, 38	2016-01-05	11:35	crw-rw-r--
▨ android_adb	10, 49	2016-01-05	11:35	crw-rw----
▨ ashmem	10, 43	2016-01-05	11:35	crw-rw-rw-
▨ beep	10, 57	2016-01-05	11:35	crw-------
▨ binder	10, 44	2016-01-05	11:35	crw-rw-rw-
〉 ▷ block		2016-01-05	11:35	drwxr-xr-x
〉 ▷ bus		2016-01-05	11:35	drwxr-xr-x
▨ bus_throughput	10, 32	2016-01-05	11:35	crw-------
▨ buttons	10, 56	2016-01-05	11:35	crw-------
▨ console	5, 1	2016-01-05	11:35	crw-------
▨ cpu_dma_latency	10, 36	2016-01-05	11:35	crw-------
▨ cpu_freq_max	10, 29	2016-01-05	11:35	crw-------
▨ cpu_freq_min	10, 30	2016-01-05	11:35	crw-------
〉 ▷ cpuctl		2016-01-05	11:35	drwxr-xr-x
▨ dc_motor	10, 54	2016-01-05	11:35	crw-------
▨ device-mapper	10, 236	2016-01-05	11:35	crw-------
▨ device_throughput	10, 33	2016-01-05	11:35	crw-------
▨ display_throughput	10, 26	2016-01-05	11:35	crw-------
▨ fimg2d	10, 240	2016-01-05	11:35	crw-rw-rw-
〉 ▷ fscklogs		2016-01-05	11:35	drwxrwx---
▨ full	1, 7	2016-01-05	11:35	crw-rw-rw-
▨ fuse	10, 229	2016-01-05	11:35	crw-------

图 9-50　dev 文件夹下的驱动

```
C:\Users\Android>adb shell
adb server version (32) doesn't match this client (36); killing...
* daemon started successfully *
```

图 9-51　输出 "adb Shell" 指令

图 9-52　修改权限

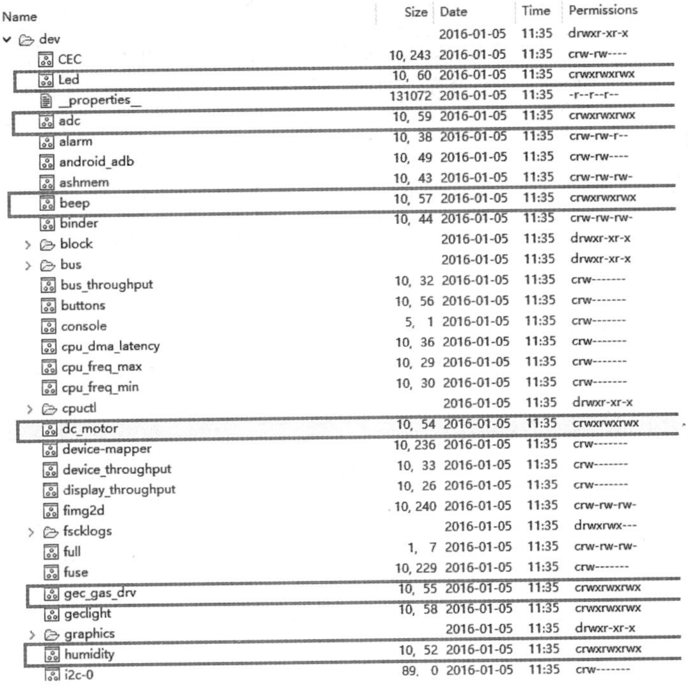

图 9-53　权限修改后显示 crwxrwxrwx 完全可读、可写

9.5　Android 应用开发

9.5.1　实验 1：LED 灯控制程序设计

1. 实验目的

（1）开发 Android 应用程序控制 LED 灯。

（2）掌握编写 Android 应用程序及通过 JNI 调用 C 函数控制 LED 灯。

2. 实验内容

（1）通过 Eclipse 开发 Android 应用程序界面。

（2）编写 JNI 程序的 C 语言文件。

（3）编写 Android.mk 文件。

（4）用 NDK 编译 Android 程序。

3．实验设备及工具

（1）硬件：Exynos5260 开发平台。

（2）软件：Eclipse 开发环境、Android SDK、Android NDK。

4．实验原理

Android 应用层界面开发由 Java 语言实现，然后加载 C 语言组件动态库。C 语言组件动态库必须以 JNI 框架标准编写，在 Java 层实现两个类，即主类和 native 类。主类用于控制 LED 灯，native 类主要与底层 C 交互。native 类定义三个 native 本地方法，分别是打开 LED 设备、控制 LED、关闭 LED 设备。在 C 语言组件动态库调用 LED 驱动程序。

5．实验步骤

（1）编写 activity_main.xml 布局代码，创建四个开关按钮，用 ToggleButton 组建实现按钮开关。这里用一个相对布局，控制四个按钮在界面的中央。按钮里面的字体大小为 40sp，黑色字体，大小是 200dp×100dp。

```
<RelativeLayout
    xmlns:android="http://schemas.android.com/apk/res/android"
    android:layout_width="match_parent"
    android:layout_height="match_parent"
    android:paddingBottom="@dimen/activity_vertical_margin"
    android:paddingLeft="@dimen/activity_horizontal_margin"
    android:paddingRight="@dimen/activity_horizontal_margin"
    android:paddingTop="@dimen/activity_vertical_margin"
    tools:context="com.gec.led.MainActivity"
    android:background="@android:color/white" >
    <LinearLayout
        android:layout_centerInParent="true"
        android:orientation="horizontal"
        android:layout_width="wrap_content"
        android:layout_height="wrap_content">
    <ToggleButton
        android:checked="false"
        android:textOn="@string/parlour"
        android:textOff="@string/parlour"
        android:textSize="40sp"
        android:text="@string/parlour"
        android:textColor="@android:color/black"
        android:gravity="center"
        android:id="@+id/parlour"
        android:layout_width="200dp"
```

```
                android:layout height="100dp"/>
        <ToggleButton
            android:checked="false"
            android:textOn="@string/bedroom"
        android:textOff="@string/bedroom"
            android:textSize="40sp"
            android:text="@string/bedroom"

            android:textColor="@android:color/black"
            android:gravity="center"
            android:id="@+id/bedroom"
            android:layout_width="200dp"
            android:layout_height="100dp"/>
        </LinearLayout>
    </RelativeLayout>
```

（2）编写 MainActivity.class 源代码，在这里创建组件对象，找到控件，设置开关按钮的监听事件，实现编写按钮的开和关的操作。我们在 oncreate 函数里编写了一个 LedModule 类，用于控制客厅灯和睡房灯的开、关，具体操作是使用 ctlLED 函数。

```
    public class MainActivity extends Activity {
        private LedModule led;
        private ToggleButton bedroom, parlour;
        private boolean bedroom_state = false,parlour_state=false;

        protected void onCreate(Bundle savedInstanceState) {
            super.onCreate(savedInstanceState);
            setContentView(R.layout.activity_main);
            led = LedModule.led_mk();//获取一个 LED 控制实例
            led.openLED();//打开 LED 设备
            parlour = (ToggleButton) findViewById(R.id.parlour);
            bedroom = (ToggleButton) findViewById(R.id.bedroom);
            parlour.setOnClickListener(new OnClickListener() {
                @Override
                public void onClick(View v) {
                    // TODO Auto-generated method stub
                    if (parlour_state) {
                        led.ctlLED(0, 0);//客厅灯关
                     parlour_state = false;
                    } else {
                        led.ctlLED(0, 1);//客厅灯开
                        parlour_state=true;
                    }
```

```
        }
    });
    bedroom.setOnClickListener(new OnClickListener() {
        @Override
        public void onClick(View v) {
            // TODO Auto-generated method stub
            if(bedroom_state)
            {
                led.ctlLED(1,0);//睡房灯关

                bedroom_state = false;
            }else
            {
                led.ctlLED(1,1);//睡房灯
                bedroom_state = true;
            }}});
    }
    protected void onDestroy() {
        super.onDestroy();
        led.closeLED();    //程序结束时，释放被占用的 LED 设备
    }
}
```

（3）编写 LedModule.class 源代码，这个类封装着实现 JNI 的 native 函数，用于打开硬件节点、关闭硬件节点和控制硬件开关的函数。LedModule 类是灯光控制的 JNI，首先通过 System.loadLibrary 函数加载底层 so 库，然后才能调用打开、关闭和控制灯光。

```
public class LedModule {
    private static LedModule led;

    static {
        System.loadLibrary("LED");//静态加载 C 组件动态库（动态库名称是
                                 //libLED.so）
    }

    public native void openLED();//打开 LED 字符设备节点
    public native void ctlLED(int num,int ctl);//控制灯,num 为灯, ctl 为状态
    public native void closeLED();//关闭 LED 字符设备节点

    public static LedModule led_mk() {  // 保证只能有一个实例
        if (led == null) {
            led = new LedModule();
        }
```

```
        return led;
    }
}
```

（4）工程目录新建 jni 目录，编写 C 组件动态库的 LED.c 文件。这是控制硬件的核心代码，同时它也是 C 函数，并不是用 Java 编写的，而我们要看懂这里的 JNIEXPORT 函数名，它的函数名其实就是指向 LedModule 类的的函数名。注意，其包名、类名和函数名必须和 JNIEXPORT 里的函数名写法一致。

```c
#include <jni.h>
#include <sys/ioctl.h>
#include <fcntl.h>
int fd = -1;
JNIEXPORT void JNICALL Java_com_gec_led_LedModule_openLED(JNIEnv *env,
        jobject obj) {
    fd = open("/dev/Led", O_RDWR);
}
JNIEXPORT void JNICALL Java_com_gec_led_LedModule_ctlLED(JNIEnv *env,
        jobject obj,jint num, jint status) {
        ioctl(fd, num, status);
}
JNIEXPORT void JNICALL Java_com_gec_led_LedModule_closeLED(JNIEnv *env,
        jobject obj) {
    ioctl(fd, 0, 0);
    ioctl(fd, 1, 0);
    close(fd);
}
```

根据 JNI1.0 调用规则，在 Java 代码里调用的 native 函数，其在 C 语言 LED.c 文件下的指向如下。例如，当 Java 上层调用 openLed 的 native 函数时，其实质是执行了 C 语言 LED.c 下的 Java_com_gec_led_LedModule_openLED 函数。

```
openLed--------→ Java_com_gec_led_LedModule_openLED
CtlLED --------→ Java_com_gec_led_LedModule_ctlLED
closeLed() --------→ Java_com_gec_led_LedModule_closeLED
```

左边是在 Java 类声明的 native 成员方法，右边是 C 语言函数对应成员方法实现体。

（5）编写生成 JNI 动态库的配置文件 Android.mk。这个文件是用于记录要编译的 C 函数文件，以及一些编译设置。

```
LOCAL_PATH := $(call my-dir)
include $(CLEAR_VARS)
LOCAL_MODULE:=libLED                              a
LOCAL_SRC_FILES:=LED.c                            b
LOCAL_C_INCLUDES+= \                              c
```

```
$(JNI_H_INCLUDE
LOCAL_PRELINK_MODULE := false                              d
LOCAL_MODULE_TAGS:= eng                                    e
include  $(BUILD_SHARED_LIBRARY)                           f
```

代码说明：

① 生成 C 动态库名称 libLED（Java 层就是通过加载此库名称来实现互调的）。

② 编译 C 文件。

③ 加载 JNI 库头文件。

④ Prelink 利用事先连接代替运行时连接的方法来加快共享库的加载，它不仅可以加快启动速度，还可以减少部分内存开销，如果变量设置为 false，那么将不做 prelink 操作。

⑤ 该模块只在 eng 版本下才编译。

⑥ 生成 libLED 动态库。

6．LED 应用编译

1）提示

检查 Eclipse 是否已经配置过 NDK。若未配置，则根据《Android 开发环境搭建》文档进行搭建。

2）利用 NDK 编译动态库

为工程创建 NDK 编译配置文件。

（1）单击当前目录工程 →"Properties"→"Builders" 进入目录工程界面，如图 9-54 所示。然后单击"New"按钮，进入"Edit Configuration"界面。

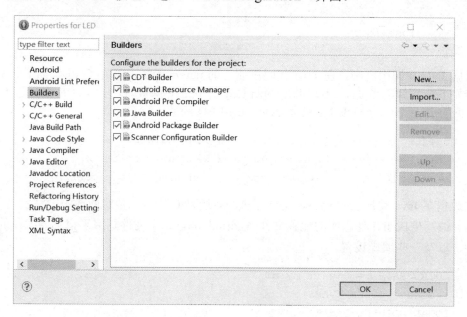

图 9-54　目录工程界面

（2）如图 9-55 所示，在"Name"后填入名字，也可选择默认名字；在"Location"下填入 androidNDK 文件 ndk-build.cmd 的地址；在"Working Directory"下单击"Browse Workspace"按钮，然后选择当前的安卓工程。

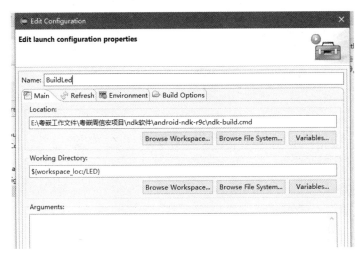

图 9-55　配置界面（1）

（3）单击"Refresh"便签，设置相关选项，如图 9-56 所示。

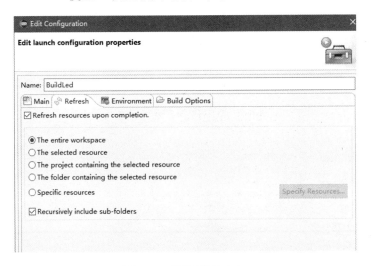

图 9-56　配置界面（2）

（4）单击"Build Options"便签，设置相关选项，然后单击"Specify Resources"按钮，选中当前的安卓项目，最后依次单击"Apply"和"OK"按钮，NDK 配置完成，如图 9-57 所示。

7．编译程序

单击当前目录工程，然后右击"Run as"→"Android application"即可编译程序，Eclipse 自动执行 jni 目录下的 android.mk，生成 libLED 动态库，通过 USB 线把程序运行到 Exynos5260 开发平台上。

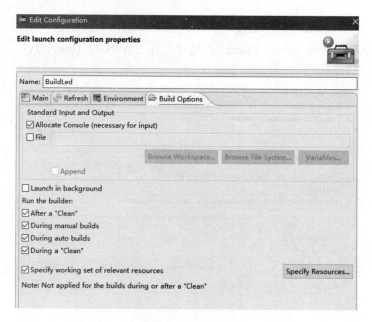

图 9-57　配置界面（3）

9.5.2　实验 2：ADC 模块实验

1．实验目的

（1）开发 Android 应用程序实现 ADC 采集。

（2）掌握编写 Android 应用程序及通过 JNI 调用 C 函数实现 ADC 采集。

2．实验内容

（1）通过 Eclipse 开发 Android 应用程序界面。

（2）编写 JNI 程序的 C 语言文件。

（3）编写 Android.mk 文件。

（4）编译 Android 程序。

3．预备知识

（1）Java 语言基础知识。

（2）C 语言基础知识。

（3）程序调试的基础知识和方法。

4．实验设备及工具

（1）硬件：Exynos5260 开发平台。

（2）软件：Eclipse 开发环境、Android SDK 和 Android NDK。

5．实验原理

Android 应用层界面开发由 Java 语言实现，然后静态加载 C 语言组件动态库，C 语言组件动态库必须以 JNI 框架标准，最后利用 C 语言组件动态库调用 ADC 驱动程序。

6. 实验步骤

新建项目名为 GEC5260_ADC，路径为 com.gec5260adc，所有类存放在当前目录下。

（1）编写布局文件，在相对布局下新建两个文本组件，用于显示 ADC 的数值，一个设置字体为 60sp，一个为 40sp。前者显示数值，后者显示硬件名。

```xml
<RelativeLayout
xmlns:android="http://schemas.android.com/apk/res/android"
        xmlns:tools="http://schemas.android.com/tools"
        android:layout_width="match_parent"
        android:layout_height="match_parent"
        android:id="@+id/background"
        android:background="@drawable/background"
        android:alpha="50">

    <TextView
        android:id="@+id/text"
        android:textSize="60sp"
        android:layout_centerInParent="true"
        android:layout_width="wrap_content"
        android:layout_height="wrap_content"
        />

    <TextView
        android:textSize="40sp"
        android:layout_centerVertical="true"
        android:layout_marginRight="10dp"
        android:layout_toLeftOf="@id/text"

        android:layout_width="wrap_content"
        android:layout_height="wrap_content"
        android:text="@string/ADC_value"/>
</RelativeLayout>
```

（2）编写 MainActivity.class 源代码，先实现找到文本的组件，然后创建 AdcMoudle 对象，用于打开底层驱动，回调 ADC 的数据到主界面的函数，通过 Handler 来处理返回的数据并显示 ADC 数据到主界面。

```java
public class MainActivity extends Activity {
    private TextView text;//显示 ADC 值的 TextView
    private AdcModule adc;//与驱动交互的实例
    private Handler handler;

    @Override
```

```
protected void onCreate(Bundle savedInstanceState) {
    super.onCreate(savedInstanceState);
    setContentView(R.layout.activity_main);
    RelativeLayout background = (RelativeLayout)findViewById(R.
id.background);
    background.getBackground().setAlpha(100);
    text = (TextView) findViewById(R.id.text);
    handler = new Handler() {//定义 handler 变量，接收 ADC 数据消息
        @Override
        public void handleMessage(Message msg) {
            // TODO Auto-generated method stub
            text.setText(String.valueOf((Integer) msg.obj));
        }
    };
    adc = AdcModule.adc_mk();//获取 AdcModule 实例
    adc.setHandler(handler);//将 handler 与 AdcModule 关联
    adc.openADC();//获取 ADC 设备并开始读取数据
}
protected void onDestroy() {
    super.onDestroy();
    adc.closeADC();//释放 ADC 设备
}
}
```

（3）编写 AdcModule.class 源代码，这个类封装着可调用 JNI 的 native 函数，用于打开和关闭 ADC 驱动，获取 ADC 数据并回传到主界面。该函数多了一个 SendMes 函数，这个函数会封装一个 int 类型的数据，然后从底层回调到 Java 上层，再传到 Handle 类去处理。

```
public class AdcModule {
    private static AdcModule adc;
    public  Handler handler;
    static {
        System.loadLibrary("ADC");//静态加载 C 组件动态库（动态库名称是
                                  //libADC.so)
    }
    public native void openADC();//获取 ADC 设备
    public native void closeADC();//释放 ADC 设备
    public static AdcModule adc_mk() { // 保证只能有一个实例
        if (adc == null) {
            adc = new AdcModule();
        }
        return adc;
    }
```

```
public void setHandler(Handler handler) {// 将已经初始化好的 handler
                                          //与这个类关联起来
    this.handler = handler;
}
public void SendMes(int one) {// 把数据通过 handler 传到界面显示
    if(handler!=null){
    Message msg = new Message();
    msg.obj =one;
    handler.sendMessage(msg);
    }
}
}
```

（4）在工程目录下新建 jni 目录，编写 C 组件动态库 ADC.c 文件，一般来说，做安卓开发的工程师不需要写这个文件，但我们需要知道哪个函数跟我们 AdcModule 的 native 函数相关，然后和编写这个 C 函数的工程师对接好，以及我们上层需要什么函数在底层调用，提供一个接口。

例如，这两个函数的名字，和 AdcModule 的 native 函数同名，这就是我们从上层调用到这里的函数，我们需要对接的就是这两个函数。

```
JNIEXPORT void JNICALL Java_com_gec_adc_AdcModule_openADC(JNIEnv *env,
    jobject obj) {...}
JNIEXPORT void JNICALL Java_com_gec_adc_AdcModule_closeADC(JNIEnv *env,
    jobject obj) {...}
```

ADC.c 函数源码内容：

```
#include <jni.h>
#include <stdio.h>
#include <stdlib.h>
#include <unistd.h>
#include <string.h>
#include <strings.h>
#include <time.h>
#include <signal.h>
#include <termios.h>
#include <sys/stat.h>
#include <sys/types.h>
#include <fcntl.h>
#include <sys/ipc.h>
#include <signal.h>
#include <pthread.h>
#include <errno.h>
#include <semaphore.h>
```

```
#include <sys/ioctl.h>
#include <android/log.h>
#include <sys/select.h>
#include <netdb.h>

int run = 0;
int fd = -1;
//全局变量
JavaVM *g_jvm = NULL;
jobject g_obj = NULL;
int isEnable = 1;
void *get_adc_main(void *arg) {
    char counter[30];
    int ret;
    int value;
    JNIEnv *env;
    jclass cls;
    jmethodID mid;
    if ((*g_jvm)->AttachCurrentThread(g_jvm, &env, NULL) != JNI_OK) {
    return NULL;
    }
    //找到对应的类
    cls = (*env)->GetObjectClass(env, g_obj);
    while (isEnable) {

        value = -1;
        ret = read(fd, &value, 4);
        jmethodID methodId = (*env)->GetMethodID(env, cls, "SendMes",
"(I)V");

        (*env)->CallVoidMethod(env, g_obj, methodId, value);
        usleep(75000);
    }
    (*g_jvm)->DetachCurrentThread(g_jvm);
}
JNIEXPORT void JNICALL Java_com_gec_adc_AdcModule_openADC(JNIEnv *env,
        jobject obj) {
    fd = open("/dev/adc",O_RDONLY);
    (*env)->GetJavaVM(env, &g_jvm);
    g_obj = (*env)->NewGlobalRef(env, obj);
    isEnable = 1;
    pthread_t tid;
    pthread_create(&tid, NULL, get_adc_main, NULL)
```

```
}
JNIEXPORT void JNICALL Java_com_gec_adc_AdcModule_closeADC(JNIEnv *env,
        jobject obj) {
        isEnable = 0;
        close(fd);
}
```

（5）写生成 JNI 动态库的配置文件 Android.mk。这个文件用于记录要编译的 C 函数文件，以及一些编译设置。

```
LOCAL_PATH := $(call my-dir)
include $(CLEAR_VARS)
LOCAL_MODULE:= libADC                                               a
LOCAL_SRC_FILES:=ADC.c                                              b
LOCAL_C_INCLUDES+=                                                  c
$(JNI_H_INCLUDE)
LOCAL_PRELINK_MODULE := false
LOCAL_MODULE_TAGS:= debug
include $(BUILD_SHARED_LIBRARY)                                     d
```

①生成 C 动态库名称 libADC（Java 层就是通过加载此库名称来实现互调）。
②编译 C 文件。
③加载 JNI 库头文件。
④生成 libadctest 动态库，要与 Java 静态加载的库名一致。

7. NDK 编译

1）提示

检查 Eclipse 是否配置 NDK。若未配置，则根据《Android 开发环境搭建》文档搭建。

2）利用 NDK 编译动态库

（1）创建 NDK 编译配置文件：单击当前目录工程 →"Properties"→"Builders"进入目录工程界面；单击"New"按钮，进入"Edit Configuration"界面。

（2）在"Name"后填入名字，然后在"Location"下填入 androidNDK 文件 ndk-build.cmd 的地址，在"Working Directory"下单击"Browse Workspace"按钮，最后选择当前的安卓工程，执行下一步。

（3）单击"Refresh"便签，选中相应选项，执行下一步。

（4）单击"Build Options"便签，勾选相应选项，单击"Specify Resources"按钮，选中当前的安卓项目，最后依次单击"Apply"和"OK"按钮，NDK 配置完成。

8. 编译程序

单击当前目录工程，然后右击"Run as"→"Android application"即可编译程序，Eclipse 自动执行 jni 目录下的 android.mk，生成 libADC 动态库，通过 USB 线直接把程序运行到 Exynos5260 开发平台上，查看运行效果。

9.5.3 实验 3：LCD 实验

1．实验目的

（1）开发 Android 应用程序实现 LCD 刷屏。

（2）掌握编写 Android 应用程序及通过 JNI 调用 C 函数。

2．实验内容

（1）通过 Eclipse 开发 Android 应用程序界面。

（2）编写 JNI 程序的 C 语言文件。

（3）编写 Android.mk 文件。

（4）编译 Android 程序。

3．预备知识

（1）Java 语言基础知识。

（2）C 语言基础知识。

（3）程序调试的基础知识和方法。

4．实验设备及工具

（1）硬件：Exynos5260 开发平台。

（2）软件：Eclipse 开发环境、Android SDK、Android NDK。

5．实验原理

Android 应用层界面开发由 Java 语言实现，然后静态加载 C 语言组件动态库，C 语言组件动态库必须以 JNI 框架标准，最后利用 C 语言组件动态库调用 LCD 驱动程序。

6．实验步骤

新建项目名为 GEC5260_LCD，路径为 com.gec5260lcd，所有类存放在当前目录下。

（1）编写界面代码，创建一个按钮用来于控制 LCD 函数。这个按钮大小设置为 100dp。

```
<LinearLayout xmlns:android="http://schemas.android.com/apk/res/android"
    xmlns:tools="http://schemas.android.com/tools"
    android:layout_width="match_parent"
    android:layout_height="match_parent"
    android:gravity="center"
    android:orientation="vertical" >

  <Button
        android:id="@+id/lcdBt"
        android:layout_width="100dp"
        android:layout_height="100dp"
        android:text="LCD 刷屏" />
</LinearLayout>
```

（2）编写 Java 类，类名为 **LcdModule** 类，用来操作底层 C 语言函数。这里有三个 native 函数，用于打开底层驱动、关闭驱动和显示开始刷屏幕。

```java
public class LcdModule {

    static {
        System.loadLibrary("lcd"); // 加载驱动
    }

    public static native void openLCD();  // 打开驱动
    public static native void showLCD();  // 显示 LCD 刷屏
    public static native void closeLCD(); // 关闭驱动

}
```

（3）编写 Activity 主界面代码，首先找到控制 LCD 的按钮组件，然后设置监听事件，静态打开 LCD 控制的驱动，然后通过单击按钮调用 showLcd 函数，执行 LCD。注意，软件关闭时，需要在主界面的 ondestroy 函数里关闭驱动。

```java
public class MainActivity extends Activity {

    boolean isRun = true;
    Button lcdBt;

    @Override
    protected void onCreate(Bundle savedInstanceState) {
        super.onCreate(savedInstanceState);
        setContentView(R.layout.activity_main);


        LcdModule.openLCD(); //打开驱动

        lcdBt = (Button) this.findViewById(R.id.lcdBt);
        lcdBt.setOnClickListener(new OnClickListener() {

            @Override
            public void onClick(View v) {
                new Thread(new Runnable() {  //创建线程操作 LCD 刷屏
                    @Override
                    public void run() {
                        while (isRun) {
                            try {
                                Thread.sleep(1500);
                                LcdModule.showLCD();
```

```
                            Thread.sleep(3500);
                        } catch (InterruptedException e) {
                            e.printStackTrace();
                        }
                    }
                }).start();
            }
        });
    }
    protected void onDestroy() {
        super.onDestroy();
        isRun = false;
        LcdModule.closeLCD(); //关闭驱动
    }
}
```

（4）在工程目录下新建 jni 目录，编写 C 库 LCD.c 文件。一般来说，做安卓开发的工程师不需要写这个，但我们需要知道哪个函数跟我们 native 函数相关，然后和编写这个 C 函数的工程师对接好，以及我们上层需要什么函数在底层调用，提供一个接口。

例如，我们的 LcdMoudle 类的 native 函数，它在 LCD.c 函数的指向。

```
public static native void openLCD(); // 打开驱动
public static native void showLCD(); // 显示 LCD 刷屏
public static native void closeLCD(); // 关闭驱动
```

Java 中的 native 函数就指向了 LCD.c 函数里的这三个函数，而且必须同包名、同类名、同方法函数名才能调用，所以要对接好这些函数的格式。

```
JNIEXPORT void JNICALL Java_com_gec5260lcd_LcdModule_openLCD(JNIEnv *env,
    jobject obj) {...}
JNIEXPORT void JNICALL Java_com_gec5260lcd_LcdModule_showLCD(JNIEnv *env,
    jobject obj) {...}
JNIEXPORT void JNICALL Java_com_gec5260lcd_LcdModule_closeLCD(JNIEnv *env,
    jobject obj) {...}
```

LCD.c 函数的源码内容：

```
#include <jni.h>
#include <sys/types.h>
#include <sys/stat.h>
#include <fcntl.h>
#include <android/log.h>
#include <fcntl.h>
#include <linux/fb.h>
```

```
#include <sys/mman.h>
#include <pthread.h>
#define LOG_NDEBUG 0
int fd = -1;
struct fb_var_screeninfo vinfo;
struct fb_fix_screeninfo finfo;
long int screensize = 0;
unsigned long *fbp = NULL;
int x = 0, y = 0, z = 0;
int isrun = 0;
const unsigned long colors[] = { 0x07FF0000, 0xF81FFFFF, 0xFFE0F11F,
0x00FFF000,
        0xFF0000FF, 0xF800FF00, 0x001F00FF, 0x07E0FFFF };


void *show(void *arg) {
        for (z = 0; z < sizeof(colors) / sizeof(unsigned long); z++) {
            usleep(400000);
            vinfo.xoffset = 0;
            vinfo.yoffset = 0;
            for (y = 0; y < vinfo.yres; y++) {
                for (x = 0; x < vinfo.xres; x++) {
                    *(fbp + y * vinfo.xres + x) = colors[z];
                }
            }
        }
}




JNIEXPORT void JNICALL Java_com_gec5260lcd_LcdModule_openLCD(JNIEnv *env,
        jobject obj) {
    fd = open("/dev/graphics/fb0", O_RDWR);
}


JNIEXPORT void JNICALL Java_com_gec5260lcd_LcdModule_showLCD(JNIEnv *env,
        jobject obj) {
    ioctl(fd, FBIOGET_VSCREENINFO, &vinfo);
    vinfo.bits_per_pixel = 32;
    ioctl(fd, FBIOPUT_VSCREENINFO, &vinfo);
    ioctl(fd, FBIOGET_VSCREENINFO, &finfo);
    ioctl(fd, FBIOGET_VSCREENINFO, &vinfo);
    screensize = vinfo.xres * vinfo.yres * vinfo.bits_per_pixel / 8;
    fbp = (unsigned long *) mmap(0, screensize, PROT_READ | PROT_WRITE,
```

```
        MAP_SHARED, fd, 0);
        isrun = 1;
        pthread_t tid;
        pthread_create(&tid, NULL, show, NULL);
    }
    JNIEXPORT void JNICALL Java_com_gec5260lcd_LcdModule_closeLCD(JNIEnv *env,
            jobject obj) {
        isrun = 0;
        munmap(fbp, screensize);
        close(fd);
    }
```

（5）在 jni 目录下，新建 Android.mk 文件，编写 mk 内容。这个文件用于记录要编译的 C 函数文件，以及一些编译设置。

```
    LOCAL_PATH:=$(call my-dir)
    include $(CLEAR_VARS)
    LOCAL_MODULE:=liblcd
    LOCAL_SRC_FILES:=LCD.c
    LOCAL_C_INCLUDES+=\
        $(JNI_H_INCLUDE)
    LOCAL_PRELINK_MODULE:=false
    LOCAL_MODULE_TAGS:=debug
    include $(BUILD_SHARED_LIBRARY)
```

7. NDK 编译

NDK 编译和 LED 编译步骤一样，参考 LED 编译的说明。

8. 运行效果

单击当前目录工程，然后右击“Run as”→“Android application”即可编译程序，Eclipse 自动执行 jni 目录下的 android.mk，生成 libADC 动态库，通过 USB 线直接把程序运行到 Exynos5260 开发平台上，查看运行效果。

第 10 章

Android 多媒体视频播放器

在 Android 手机看视频、图像是我们经常用于休闲娱乐的方式，作为开发者，要知道 Android 视频播放器是怎么开发出来的，首先我们需要了解相关知识。

10.1 相关知识

1. SeekBar 类

SeekBar 类是个进度条组件，它可以方便地告诉用户视频执行的进度，如果没有进度条，用户不知道视频播放到什么地方。SeekBar 类用于表示可以拖曳的进度条，进度默认的取值范围是 0～100。

2. SurfaceView 类

SurfaceView 类是 View 的子类，可以从内存或 DMA 等硬件直接获取图像数据，因此它是非常重要的绘图容器，SurfaceView 内嵌了一个专门用于绘制图像的 Surface，所有的 View 及其子类是画在 Surface 上的，每个 Surface 创建一个 Canvas 对象，用来管理 View 在 Surface 上绘图。在进行视频或游戏开发时，通常会结合多线程和 SurfaceView 使用。

3. SurfaceHodler 类

SurfaceHolder 类是一个接口，用于控制 Surface，如设置 Surface 的格式、大小、像素。一般情况下需要对其进行创建、销毁、监听状态变化等，这就要给 SurfaceView 添加回调接口，去监听当前事件变化。

4. MediaPlayer 类

MediaPlayer 类是个媒体播放器，MediaPlayer 包含了 Audio 和 Video 的播放功能，在 Android 界面上，Audio 和 Video 两个应用程序都是调用 MediaPlayer 实现的。而它与 SurfaceView 类的区别是，SurfaceView 是个容器，而 MediaPlayer 才是实现视频、音频内容处理的对象。

10.2 开发过程

（1）首先就要实现手机全屏，在 onCreate 方法里添加具体代码。

```
// 隐藏标题栏
requestWindowFeature(Window.FEATURE_NO_TITLE);
// 隐藏状态栏
getWindow().setFlags(WindowManager.LayoutParams.FLAG_FULLSCREEN,
WindowManager.LayoutParams.FLAG_FULLSCREEN);
```

requestWindowFeature(Window.FEATURE_NO_TITLE);是 Activity 类自带的一个用于隐藏标题栏的函数，要在 setContentView 函数之前调用。

getWindow().setFlags(WindowManager.LayoutParams.FLAG_FULLSCREEN，Window-Manager.LayoutParams.FLAG_FULLSCREEN);也是 Activity 类自带的函数，也需要在 setContentView 之前调用。

（2）设置手机为常亮状态。通过设置这条函数可以让手机保持常亮状态，不会让手机屏幕关闭，在 setContentView 后编写这条代码。

```
// 设置手机常亮状态
getWindow().setFlags(WindowManager.LayoutParams.FLAG_KEEP_SCREEN_ON,
WindowManager.LayoutParams.FLAG_KEEP_SCREEN_ON);
```

（3）在 XML 布局里添加 SurfaceView 组件、进度条和按钮。这里用了一个显示视频的 Surface 组件，一条 SeekBar 进度条组件，三个 Button 按钮，分别是播放、暂停和停止的 Button 组件。

```xml
<LinearLayout xmlns:android="http://schemas.android.com/apk/res/android"
xmlns:tools="http://schemas.android.com/tools"
    android:layout_width="match_parent"
    android:layout_height="match_parent"
    android:orientation="vertical"
    tools:context="${relativePackage}.${activityClass}" >
    <SurfaceView
        android:id="@+id/mySurfaceView"
        android:layout_width="match_parent"
        android:layout_height="0dp"
        android:layout_weight="3" />
    <LinearLayout
        android:layout_width="match_parent"
        android:layout_height="0dp"
        android:layout_weight="1"
        android:orientation="vertical" >
```

```xml
<SeekBar
    android:id="@+id/viewseekBar"
    android:layout_width="match_parent"
    android:layout_height="wrap_content" />
<LinearLayout
    android:layout_width="match_parent"
    android:layout_height="wrap_content"
    android:orientation="horizontal" >
    <Button
        android:id="@+id/start"
        android:layout_width="wrap_content"
        android:layout_height="wrap_content"
        android:text="播放" />
    <Button
        android:id="@+id/pause"
        android:layout_width="wrap_content"

        android:layout_height="wrap_content"
        android:text="暂停" />
    <Button
        android:id="@+id/stop"
        android:layout_width="wrap_content"
        android:layout_height="wrap_content"
        android:text="停止" />
</LinearLayout></LinearLayout></LinearLayout>
```

（4）在 Android 项目下新建一个 raw 文件夹，将视频放进去。视频内容自备，只要创建了这个文件夹就可以把视频复制进去，如图 10-1 所示。

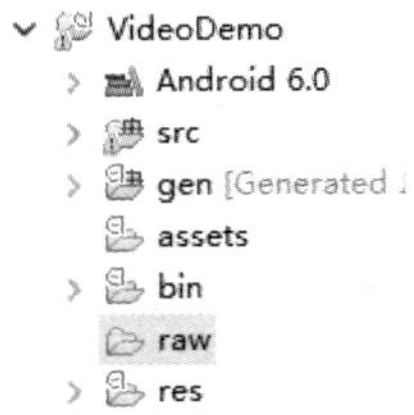

图 10-1　新建一个 raw 文件夹

（5）在 Andoid 代码里把组件用 findViewById 将其寻找出来。

```java
mySurface = (SurfaceView) findViewById(R.id.mySurfaceView);
viewseekBar = (SeekBar) findViewById(R.id.viewseekBar);
start = (Button) findViewById(R.id.start);
pause = (Button) findViewById(R.id.pause);
stop = (Button) findViewById(R.id.stop);
```

（6）我们通过 SurfaceView 获得 Holder 对象，然后设置监听，在 surfaceCreated 里面创建 MediaPlayer 对象，并且设置进度条监听。

```
// 给 SurfaceView 添加 CallBack 监听
holder = mySurface.getHolder();
holder.addCallback(new MySurfaceHolder());
// 为了可以播放视频或使用 Camera 预览，我们需要指定其 Buffer 类型
holder.setType(SurfaceHolder.SURFACE_TYPE_PUSH_BUFFERS);
```

（7）以下是 Callback 的接口，实现这个接口有三个函数：surfaceCreated、surfaceChanged 和 surfaceDestroyed。

在 surfaceCreated 函数里实例化 MediaPalyer 对象，传入视频文件的地址。设置 holder 对象设置进度条长度大小，开启刷新进度条的线程。

在 surfaceDestroyed 函数里设置销毁并释放 MediaPalyer 的数据内存，以防止结束后还占用内存。

```
class MySurfaceHolder implements SurfaceHolder.Callback {
// 创建时回调
@Override
public void surfaceCreated(SurfaceHolder holder) {
    try {
            // 创建 MediaPlayer 对象,并且传入存放在 raw 文件夹下的视频文件
            player = MediaPlayer.create(context, R.raw.test);
            player.setAudioStreamType(AudioManager.STREAM_MUSIC);
            // 把视频画面输出到 SurfaceView
            player.setDisplay(holder);
        } catch (Exception e) {
                e.printStackTrace();
                }
        // 设置进度条监听
        viewseekBar.setOnSeekBarChangeListener(new MySeekBarListener());
        // 设置进度条的长度，和时间的长度一致
        viewseekBar.setMax(player.getDuration());
        //开启线程刷新 SeekBar 进度
        new Thread(new SeekBarThread()).start();
        isStart=true;
}
// 变化时回调
@Override
public void surfaceChanged(SurfaceHolder holder, int format, int width,
int height) {
        }
```

```
// 销毁时回调
@Override
public void surfaceDestroyed(SurfaceHolder holder) {
    if (player != null) {
        player.release(); // 释放内存
    }
    isStart=false;
} }
```

（8）编写进度条监听接口，我们只在 onStopTrackingTouch 函数里监听，即停止拖动进度条时，获取当前进度条的位置，然后设置视频播放到这个区域，实现视频拖动播放。

```
class MySeekBarListener implements OnSeekBarChangeListener {
@Override
public void onStartTrackingTouch(SeekBar seekBar) {
}
@Override
public void onProgressChanged(SeekBar seekBar, int progress,
            boolean fromUser) {
}
// 停止拖动时
@Override
public void onStopTrackingTouch(SeekBar seekBar) {
        int process = seekBar.getProgress();
if (player != null && player.isPlaying()) {
            player.seekTo(process);
        }}}
```

（9）创建一条线程，每 500ms 获取视频当前播放的位置，再显示到进度条。这里用一个类实现 Runnable 接口，通过 MediaPlayer 类的 player 对象调用 getCurrentPosition 函数，获取当前的播放位置的参数，并且设置到进度条。

```
class SeekBarThread implements Runnable {
    @Override
    public void run() {
        while (isStart) {
            int position = 0;
            if (player != null) {
                position = player.getCurrentPosition();
            }
            if (viewSeekBar != null) {
                viewSeekBar.setProgress(position);
            }
            try {
```

```
            Thread.sleep(500);
        } catch (InterruptedException e) {
            e.printStackTrace();
        }
    }
}
```

（10）创建主界面的按钮监听、开始按钮、暂停按钮、停止按钮的操作。要注意的是，这里没有写判断，为了防止出现空指针，可以给 player 对象包装一个是否为空的判断。

```
/*** 按钮监听 ***/
@Override
public void onClick(View v) {

    if (v == start) {
        player.start();

    }

    if (v == pause) {
        player.pause();
    }

    if (v == stop) {
        player.stop();
        player.release();
        player = null;
    }
}
```

（11）至此，视频播放器的功能设计就完成了，结果如图 10-2 所示。

图 10-2　视频播放界面

## 第 11 章

Android 远程控制（智能家居项目）

11.1 智能家居概念

智能家居（smart home, home automation）是以住宅为平台，利用综合布线技术、网络通信技术、安全防范技术、自动控制技术、音/视频技术将家居生活有关的设施集成，构建高效的住宅设施与家庭日程事务的管理系统，提升家居安全性、便利性、舒适性、艺术性，并且实现环保节能的居住环境。

11.2 背景

智能家居系统是移动互联网、人工智能等技术融合的智能化产物。智能家居系统通过物联网等技术将家中的各种设备（如音/视频设备、照明系统、窗帘控制、空调控制、安防系统、数字影院系统、影音服务器、网络家电等）连接到一起，提供家电控制、照明控制、电话远程控制、室内外遥控、防盗报警、环境监测、红外转发及可编程定时控制等多种功能和手段。与普通家居相比，智能家居系统不仅具有传统的居住功能，还兼备建筑、网络通信、信息家电、设备自动化，提供全方位的信息交互功能。

11.3 发展趋势

随着智能家居的迅猛发展，越来越多的家居开始引进智能化系统和设备。智能化系统涵盖的内容也从单一的方式向多种方式相结合的方向发展。据预测，在未来五年，全球智能家居设备市场将实现 2 倍增长，从 2012 年的不足 2000 万个节点增长至 2017 年的 9000 多万个节点。其中，主要驱动力是越来越多的服务供应商涌入托管式家居控制领域，几乎所有家电巨头都针对智能家电领域进行排兵布阵、跑马圈地。

11.4 智能家居项目

该项目采用 Exynos5260 开发平台进行远程控制的智能家居项目 APP 开发，如图 11-1 所示。

图 11-1　Exynos5260 开发平台

1．项目详细说明

本次智能家居项目选定了 Exynos5260 开发平台上的九个模块进行远程采集或控制，分别是 LED 灯、蜂鸣器、继电器、直流电动机、步进电动机、ADC 模块、光照模块、温/湿度模块、烟雾模块。我们在客户端 APP 发送定义好的指令到服务端 APP，服务端收到具体指令后，就去调用 JNI 执行控制相应的模块。

2．通信协议定义

1）客户端发送字符串指令定义

（1）LED 灯。

灯 1 打开："led_1_0"；灯 1 关闭："led_0_0"。

灯 2 打开："led_1_1"；灯 2 关闭："led_0_1"。

灯 3 打开："led_1_2"；灯 3 关闭："led_0_2"。

灯 4 打开："led_1_3"；灯 4 关闭："led_0_3"。

（2）蜂鸣器。

打开："bell_open"；关闭："bell_close"。

（3）继电器。

打开："relay_open"；关闭："relay_close"。

（4）直流电动机。

正转："dc_forward"；反转："dc_fallBack"；停止："dc_stop"。

（5）步进电动机。

正转："step_forward"；反转："step_fallBack"。

（6）ADC 模块。

打开："adc_open"；获取 ADC 采集数据："adc_getData"。

（7）光照模块。

打开："light_open"；获取光照度数据："light_getData"。

（8）温/湿度模块。

获取数据："humidity_getData"。

（9）烟雾模块。

打开："gas_open"；获取烟雾传感器数据："gas_getData"。

2）服务端返回数据字符串指令定义

（1）ADC 模块。

"adcData_" + 整型数据，例如，"adcData_100"。

（2）光照模块。

"lightData_" + 整型数据，例如，"lightData_100"。

（3）烟雾模块。

"gasData_" + 整型数据，整型数据返回 1 或 0。

（4）温/湿度模块。

"humidityData_" + 温度字符串 + "_" + 湿度字符串，例如，"humidityData_30.2℃_70%"。

3. 智能家居项目框架

本智能家居项目的实现是在局域网范围内完成的，而设备和手机只要处于同一个局域网范围，就可以进行 IP 通信，进行控制操作和获取数据，局域网控制框架如图 11-2 所示。例如，硬件设置了服务端 IP 为 192.168.0.100，端口为 1000，那么手机端只要访问这个 IP 和端口就能够通信，然后通过给予的通信协议进行操作。

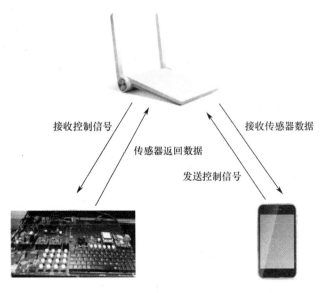

图 11-2　局域网控制框架

11.5 智能家居项目服务端代码编写

新建项目，项目名为 MobileControlSever5260，这个项目需要安装在 Exynos5260 开发平台上，作为服务端运行。项目用于创建 Socket 服务端，接收手机发来的指令，解析指令，控制硬件。

● 项目框架讲解

这是整个服务端项目的框架，整个项目无须编写界面的代码，只是作为服务端进行接收客户端发来的指令，进行控制模块和获取数据，服务器项目框架如图 11-3 所示。

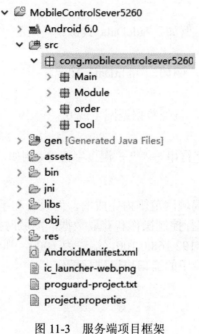

图 11-3 服务端项目框架

● Main 包

APP 主界面入口，ServerActivity 只是做显示界面，并不做任何界面编写，只是做底层驱动的打开和接收客户端信息，并解析数据。Main 包如图 11-4 所示。

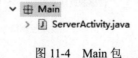

图 11-4 Main 包

● Module 包

Module 包存放操作底层驱动的类，共有九个类，每个类都用于操作具体的驱动。Module 包如图 11-5 所示。

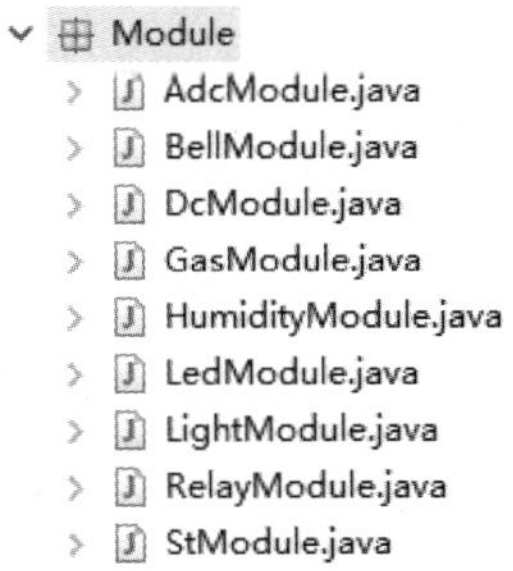

图 11-5　Module 包

● Order 包

Order 包编写了具体要操作硬件的指令，原数据从客户端接收并解析后，会执行这里具体的类。例如，客户端解析到打开 Bell 蜂鸣器的指令，就会执行 BellOrder 类的打开蜂鸣器指令。Order 包如图 11-6 所示。

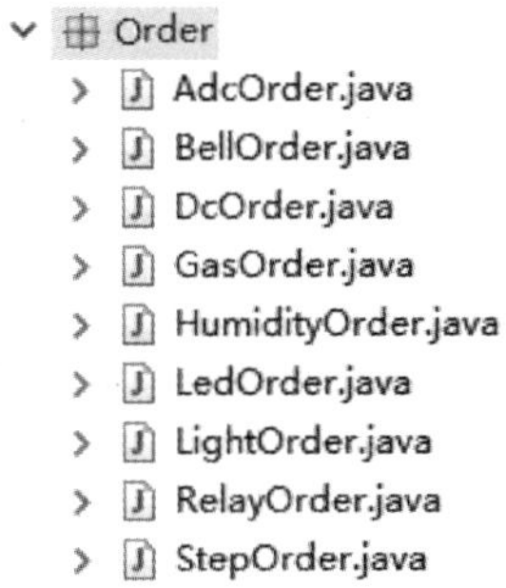

图 11-6　Order 包

● Tool 包

Tool 包存放一个封装好服务端代码的类，只需要调用函数就能操作服务端。Tool 包如图 11-7 所示。

图 11-7　Tool 包

1．代码编写

Main 包下编写 ServerActivity 类的代码。

（1）在 Activityde 的创建函数里创建 Socket 连接函数和打开底层的驱动模块的函数，代码如下，自行封装了两个函数。

```
@Override
protected void onCreate(Bundle savedInstanceState) {
    super.onCreate(savedInstanceState);
    setContentView(R.layout.activity_server);
```

```
// 打开底层的模块
openModule();
// 创建连接
createConnet();
}
```

（2）在销毁的函数里编写关闭 Socket 和关闭驱动的函数。

```
@Override
protected void onDestroy() {
    super.onDestroy();
    try {
        if (ss != null) { ss.colseServer(); ss = null;}
        // 关闭所有模块
        closeModule();

    } catch (Exception e) {
        e.printStackTrace();
    }
}
```

（3）编写 createConnet 函数，创建服务端 Socket 连接，设置监听接口，监听数据收发。

```
private void createConnet() {
    ss = new Server(port);
    ss.setOnTcpListener(new CustomListener());
}
```

（4）编写打开驱动模块的 openModule 函数，除温/湿度需要获取对象来打开外，其他直接通过静态调用。还有其他一些模块的打开操作在 Handler 里面。

```
private void openModule() {

    LedModule.openLED();
    BellModule.openBellDev();
    RelayModule.openRelay();
    DcModule.openDC();
    StModule.openST();
    humidity = HumidityModule.getInstance();
    humidity.setHandler(HumidityOrder.handler);
    humidity.open();
    //打开光照模块和ADC，烟雾模块需要写在主线程的 Handler 里面单独操作

}
```

（5）编写关闭驱动模块的函数，将所有的驱动关闭，最好进行判断以防止出现空指针异常。

```
private void closeModule() {
    LedModule.closeLED();
    BellModule.closeBellDev();
    RelayModule.closeRelay();
    DcModule.closeDC();
    StModule.closeST();
    humidity.close();
    light.closeLight();
    adc.closeADC();
    gas.closeGas();
}
```

（6）编写监听客户端回调数据信息的接口，其 onReceive 函数会监听客户端发来的数据，然后交给 analyseOrder 函数去处理，操作相应的硬件。

```
private class CustomListener implements OnTcpReceiveListener {
    @Override
    public void onReceive(byte[] b, int len, Socket so) {
    // 解析数据
    String line = new String(b, 0, len);
    analyseOrder(line, so);
    }
}
```

（7）analyseOrder 函数解析具体的指令是什么，然后执行相应的 Order 指令，再把数据传给相应的 Order 类。

```
/**
    * 分析接收到的指令是什么信息
    */
private void analyseOrder(String line, Socket so) {

        if (line.equals("over")) {
            try {
                so.close();
            } catch (IOException e) {
                e.printStackTrace();
            }
            return;
        }

        String[] order = line.split("_");
        if (order[0].equals("led")) {
            LedOrder.sendOrder(line);
```

```
            return;
        }
        if (order[0].equals("bell")) {
            BellOrder.sendOrder(line);
            return;
        }
        if (order[0].equals("relay")) {
            RelayOrder.sendOrder(line);
            return;
        }
        if (order[0].equals("dc")) {
            DcOrder.sendOrder(line);
            return;
        }
        if (order[0].equals("step")) {
            StepOrder.sendOrder(line);
            return;
        }
        if (order[0].equals("humidity")) {
            HumidityOrder.sendOrder(line, so);
            return;
        }
        if (order[0].equals("light")) {
            LightOrder.sendOrder(line, so);
            return;
        }
        if (order[0].equals("adc")) {
            AdcOrder.sendOrder(line, so);
            return;
        }
        if (order[0].equals("gas")) {
            GasOrder.sendOrder(line, so);
            return;
        }
    }
```

（8）编写 Order 包下解析指令的代码。具体的指令见以下操作，通过解析客户端的数据，然后具体执行以下这些控制函数。下面将所有的控制类代码全部列出来以供参考。

```
//打开和关闭灯 1 的方法
LedModule.ctlLED(1, 1);
LedModule.ctlLED(1, 0);
```

```
//打开和关闭灯 2 的方法
LedModule.ctlLED(2, 1);
LedModule.ctlLED(2, 0);
//打开和关闭灯 3 的方法
LedModule.ctlLED(3, 1);
LedModule.ctlLED(3, 0);
//打开和关闭灯 4 的方法
LedModule.ctlLED(4, 1);
LedModule.ctlLED(4, 0);
//打开和关闭蜂鸣器的方法
BellModule.opBell(1);
BellModule.opBell(0);
//打开和关闭继电器的方法
RelayModule.opctl(1);
RelayModule.opctl(0);

//操作直流电动机正转动的方法
DcModule.cltDC(4);
//操作直流电动机反转动的方法
DcModule.cltDC(1);
//操作直流电动机停止转动的方法
DcModule.cltDC(0);

//操作直步进电动机正转动的方法
StModule.cltST(1);
//操作直步进电动机反转动的方法
StModule.cltST(3);
```

（9）这是 Handler 的主线程接口，用于打开以下三个模块，因为这些模块不是控制的，是从硬件那里获取数据过来保存的，而且打开时只能选择一个。例如，打开了光照模块，ADC 和烟雾会自动关闭，所以最好单独操作。

```
//打开光照模块和 ADC，烟雾模块需要写在主线程的 Handler 里单独操作
//打开之后通过 get_data 指令可以获取保存在相应类里的数据，详见项目源码
public class HandlerMessage implements Runnable {
    int what = -1;
    public HandlerMessage(int what) {
        this.what = what;
    }

    @Override
    public void run() {
        switch (what) {
```

```
        case 3: // 打开光照模块
            light = LightModule.getInstance();
            light.setHandler(LightOrder.handler);
            light.openLight();
            break;

        case 4: // 打开 ADC 模块
            adc = AdcModule.getInstance();
            adc.setHandler(AdcOrder.handler);
            adc.openADC();
            break;

        case 5: // 打开烟雾模块
            gas = GasModule.getInstance();
            gas.setHandler(GasOrder.handler);
            gas.openGas();
            break;
        }
    }
}
```

（10）在工程目录下新建 JNI 目录，把 C 驱动文件复制到文件里，然后新建 Android.mk 文件，编写如下代码。这是编译的配置，每个 C 文件要写一个配置，才能够编译 C 函数。

```
LOCAL_PATH := $(call my-dir)
include $(CLEAR_VARS)
LOCAL_SRC_FILES:= LED.c
LOCAL_MODULE := libLED
include $(BUILD_SHARED_LIBRARY)
include $(CLEAR_VARS)
LOCAL_SRC_FILES:=Bell.c
LOCAL_MODULE:=libbell
include $(BUILD_SHARED_LIBRARY)

include $(CLEAR_VARS)
LOCAL_MODULE    := Relay
LOCAL_SRC_FILES := Relay.c
include $(BUILD_SHARED_LIBRARY)


include $(CLEAR_VARS)
LOCAL_SRC_FILES:= DcMotor.c
```

```
        LOCAL_MODULE := libDcMotor
        include $(BUILD_SHARED_LIBRARY)
        include $(CLEAR_VARS)
        LOCAL_SRC_FILES:= StepMotor.c
        LOCAL_MODULE := libStepMotor
        include $(BUILD_SHARED_LIBRARY)

        include $(CLEAR_VARS)
        LOCAL_SRC_FILES:= humidity.c
        LOCAL_MODULE := libhumidity
        include $(BUILD_SHARED_LIBRARY)

        include $(CLEAR_VARS)
        LOCAL_SRC_FILES:= light.c
        LOCAL_MODULE := liblight
        include $(BUILD_SHARED_LIBRARY)

        include $(CLEAR_VARS)
        LOCAL_SRC_FILES:= ADC.c
        LOCAL_MODULE := libADC
        include $(BUILD_SHARED_LIBRARY)

        include $(CLEAR_VARS)
        LOCAL_SRC_FILES:= Gas.c
        LOCAL_MODULE := libGas
        include $(BUILD_SHARED_LIBRARY)
```

2．NDK 编译

NDK 编译和以前的步骤一样，可参考之前的 NDK 编译说明。

3．运行效果

单击当前目录工程，然后右击“Run as”→“Android application”即可编译程序，Eclipse 也会自动执行 jni 目录下的 android.mk，生成 lib 动态库。

通过 USB 线连接到 Exynos5260 开发平台上（运行嵌入式 Android 操作系统），安装程序并运行。APP 下载成功后，驱动加载成功，由于没有写任何界面的代码，只是默认的空白界面，本 APP 只作为服务端运行在开发平台上。

11.6　智能家居项目客户端代码编写

新建项目，项目名为 MobileControlForTes。

项目框架讲解。整个客户端项目框架如图 11-8 所示，包括主界面和九个模块的单独界面，该项目将运行在手机上，实现在同一个局域网范围内访问 GEC5260 服务端并进行远程控制。由于每个 Activity 和界面设计的代码比较烦琐，这里不做具体讲述，请参考源码。本节只讲解大体的内容，即通过 Socket 连接服务端，然后接收服务端发来的传感器数据，并且进行解析和发送控制数据到硬件。

图 11-8　客户端项目框架

1. Java 代码编写

（1）编写 MainActivity 类主界面内容，在创建函数里建立 Socket 连接，实例化 Socket 对象。TCPconnet 类是一个封装好 Socket 的类，操作比 Socket 简便，实例化 TcpConnet 对象后，通过调用函数即可实现连接操作。

```
@Override
    protected void onCreate(Bundle savedInstanceState) {
        super.onCreate(savedInstanceState);
        setContentView(R.layout.activity_main);
        init();
    }

    private void init() {
        ac = this;
        handler = new Handler();
```

```
tSocket = new TCPConnet(ac, handler);
    }
```

（2）用 Socket 连接对象，通过 connet 函数传入 IP 地址和端口号，连接到服务端，然后设置监听函数，用于监听返回。

```
// 连接到模块
tSocket.connet(dstName, dstport);
tSocket.setListener(new ConnetListener());
```

（3）如果上一步连接服务器成功，通过 sendDataToServer 的方法就可以给服务端发送指令，发送的指令为通信协议定义的字符串。

```
tSocket.sendDataToServer(order)
```

（4）编写监听服务端回调的函数类，数据返回后，解析光照数据、ADC 数据、温/湿度数据、烟雾数据，并且存放在具体的 Activity 类里。

```
private class ConnetListener implements OnReadListener {

    @Override
    public void onRead(byte[] b, int len) {
        Log.d("MSG", "有数据返回");

        String line = new String(b, 0, len);
        String[] order = line.split("_");
        analyseOrder(order);
    }
    /***分析接收的指令是什么信息**/
    private void analyseOrder(String[] text) {

        // 获取光照数据
        if (text[0].equals("lightData")) {
            LightActivity.lightData = text[1];
            return;
        }
        // 获取 ADC 数据
        if (text[0].equals("adcData")) {
            AdcActivity.adcData = text[1];
            return;
        }
        // 获取温/湿度数据
        if (text[0].equals("humidityData")) {
            TempHumActivity.humidityData = "温度:" + text[2] + " 湿度:"
```

```
                              + text[1];
               return;
           }

       // 获取烟雾数据
       if (text[0].equals("gasData")) {
           Log.d("MSG", "\\" + text[1]);
           GasActivity.gasData = text[1];
           return;
       }}}
```

2. 项目运行效果

单击当前目录工程，然后右击"Run as"→"Android application"即可编译程序，并且把它安装在手机上。

运行界面如图 11-9（a）所示，这是客户端主界面的内容。要想连接到 Exynos5260 开发平台的服务端，要先确保手机和 Exynos5260 开发平台都在同一个局域网，然后得知 Exynos5260 开发平台所分配的 IP 地址是多少，然后打开服务端的 APP，我们才能在这里进行 IP 和端口连接，端口固定为 23333。连接成功后，右上角会显示已连接的文字，这时即可远程在客户端上操控 Exynos5260 开发平台的对应模块。

具体界面：假设服务端的 IP 地址为 192.168.0.104，我们就连接该 IP 地址和端口号，如图 11-9 所示。

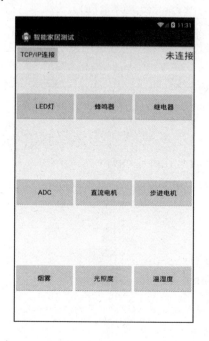

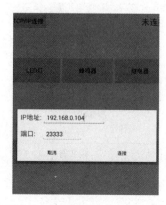

（a）运行页面　　　　　　　　　　　（b）配置 IP 地址

图 11-9　运行界面及配置 IP 地址

连接成功后提示，连接成功提示界面如图 11-10 所示。

LED 灯控制界面：在客户端单击开关按钮，实现对 Exynos5260 开发平台上的对应的 LED 灯进行开和关的控制，LED 灯控制界面如图 11-11 所示。

蜂鸣器控制界面：在客户端单击开和关的按钮，实现对 Exynos5260 开发平台上的蜂鸣器控制，蜂鸣器发出报警的声音，蜂鸣器控制界面如图 11-12 所示。

图 11-10　连接成功提示界面　　　图 11-11　LED 灯控制界面　　　图 11-12　蜂鸣器控制界面

继电器控制界面：单击开关按钮，实现对 Exynos5260 开发平台的继电器模块进行控制，发出嘀嗒的触发响声，继电器控制界面如图 11-13 所示。

直流电动机控制界面：单击转动按钮（正转、反转、停止），实现对 Exynos5260 开发平台上的直流电动机模块的控制，直流电动机控制界面如图 11-14 所示。

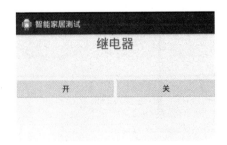

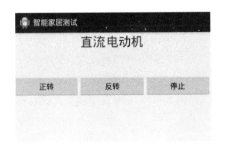

图 11-13　继电器控制界面　　　　　图 11-14　直流电动机控制界面

步进电动机控制界面：单击转动按钮（正转和反转），实现对 Exynos5260 开发平台上的步进电动机的控制，步进电动机控制界面如图 11-15 所示。

ADC 数据获取界面：单击获取按钮后，不断有 ADC 电压采集的数据返回显示在客户端上，ADC 数据获取界面如图 11-16 所示。

图 11-15　步进电动机控制界面　　　　　图 11-16　ADC 数据获取界面

　　烟雾传感器数据获取界面：单击获取按钮后，不断有数据返回显示在客户端上，用打火机气体进行测试，传感器检测到甲烷气体，客户端显示异常，烟雾传感器数据获取界面如图 11-17 所示。

　　温/湿度传感器数据获取界面：单击获取按钮之后，温度和湿度的数据返回显示在客户端上，温/湿度传感器测试界面如图 11-18 所示。

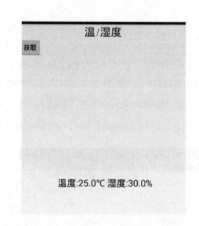

图 11-17　烟雾传感器数据获取界面　　图 11-18　温/湿度传感器测试界面

参 考 文 献

[1] 林世霖，钟锦辉，李建辉. Linux 环境编程图文指南[M]. 北京：电子工业出版社，2016.

[2] 韦东山. 嵌入式 Linux 应用开发完全手册[M]. 北京：人民邮电出版社，2008.

[3] 科波特. Linux 设备驱动程序（第三版）[M]. 魏永明，耿岳，钟书毅，译，北京：中国电力出版社，2010.

[4] 汪明虎，欧文盛. ARM 嵌入式 Linux 应用开发入门[M]. 北京：中国电力出版社，2010.

[5] 杜春雷. ARM 体系架构与编程[M]. 北京：清华大学出版社，2003.

[6] P. 戴特尔，H. 戴特尔，A. 戴特尔. Android 大学教程（第二版）[M]. 胡彦平，张君施，闫锋欣，等译. 北京：电子工业出版社，2015.

反侵权盗版声明

电子工业出版社依法对本作品享有专有出版权。任何未经权利人书面许可，复制、销售或通过信息网络传播本作品的行为；歪曲、篡改、剽窃本作品的行为，均违反《中华人民共和国著作权法》，其行为人应承担相应的民事责任和行政责任，构成犯罪的，将被依法追究刑事责任。

为了维护市场秩序，保护权利人的合法权益，我社将依法查处和打击侵权盗版的单位和个人。欢迎社会各界人士积极举报侵权盗版行为，本社将奖励举报有功人员，并保证举报人的信息不被泄露。

举报电话：（010）88254396；（010）88258888

传　　真：（010）88254397

E-mail： dbqq@phei.com.cn

通信地址：北京市万寿路 173 信箱

　　　　　电子工业出版社总编办公室

邮　　编：100036